最有梗的自然教室

狸貓君與他的自然小夥伴

教科書の外で出会う、ぼくらの身のまわりの理科

圖文　上谷夫婦（うえたに夫婦）

監修　伽利略工房

譯　李沛栩　　審定　鄭志鵬

作者的話

非常感謝各位購買這本書。我們是理科圖文作家上谷夫婦。

這本書是以國中自然科程度可理解的內容，來講解發生在生活周遭的自然現象。例如：

・為什麼森林中的空氣特別清新？
・彩虹是怎麼形成的？
・運動飲料能補充流失的「離子」？
・為什麼物體在海水中更容易浮起來？

我們想用漫畫的方式告訴大家，這些生活中常見的自然現象「其實都是自然科學喔！」。

書中的漫畫主角「波可太」是一個超喜歡搞笑藝人的國中生。波可太不喜歡讀書，對自然科也沒什麼興趣。某一天，因為某個契機，波可太得到了一種超能力（？），而這個超能力也讓他逐漸對自然科學產生好奇，本書描繪的就是這樣的故事。隨著波可太生活中不經意的疑問獲得解答，各位讀者若也能跟著他一起「恍然大悟」的話就太好了。

本書提到的自然科內容，幾乎都是國中基礎的程度。因此，對於「接下來要拚高中會考」的讀者而言，內容可能稍嫌簡單。但若是「對自然科學沒什麼興趣」或是「覺得自然科學好難懂」的讀者，我們特別希望你們能看看這本書。除此之外，也推薦給接下來要進入國中就讀的學生。比起在課堂上才開始學習，事先了解後再上課，一定更能享受國中自然科的學習樂趣！

還有，想到自然科學就先後退三步，一直無法克服對自然科學的恐懼，就這麼升上高中、大學，甚至出社會的你，也請務必看看這本書。我們不會說看了這本書你會就此愛上自然科學，但或許你能開始感受到自然科學的樂趣，開始以不同的角度看待生活周遭的現象。

在此特別感謝擔任本書監修的伽利略工房原口老師，以及負責書籍設計的高木先生，還有促成本書誕生的關鍵人物星野小姐，多虧有你們才有這麼歡樂的漫畫誕生。

殷切期盼各位能透過這本書感受到「生活中到處都是自然科學，超有趣的！」。

上谷夫婦

暑假開始了

叮咚
噹咚—
叮咚—
噹咚—

那麼，大家就開學見囉！下課！
咚
咚

本月目標
・落實打招呼
・不要忘東忘西

他是絹田波可太。一個極其普通的國中生。雖然長著一張日本狸貓臉，但毫無疑問是個人類。
人聲
鼎沸
喧鬧
嘈雜
嘿！波可太～

走吧！回家了。
你們今天不用去社團嗎？
嗯嗯

這兩人是阿正和小健，他們是波可太的朋友，也是同班同學。
棒球隊
今天是自主練習，不想去。
美術社
我今天也放假～

阿正和小健不用去社團的日子就一起回家，似乎已經成為三人之間的慣例。
明天開始就放暑假了～
對呀～

你們暑假有要去哪裡玩嗎？
沒有耶～
波可太呢？
大概只會去我爺爺家吧。

順帶一提，波可太沒有加入任何社團。
他的興趣是看搞笑綜藝，
這也是他們三人的共通點。
嗯……我暑假
幾乎都會在家裡
耍廢吧。
而這樣的他，
在這個暑假……

即將經歷不可思
議的體驗。

登場人物介紹

絹田波可太

長得像日本狸貓的普通國中生。回家社。興趣是看搞笑綜藝，常常熬夜聽搞笑藝人的廣播節目，所以總是在課堂上打瞌睡。

神祕的葉子

？？？

小健

波可太的同班同學。
美術社。體型高大，
但內心溫柔。

阿正

波可太的同班同學。
弱小棒球隊的隊員。

絹田波可助

波可太的爺爺。
住在鄉下。

絹田波可吉

波可太的爸爸。
上班族。外派中，
獨自在外地工作。

絹田波子

波可太的媽媽。
在肉鋪打工。

絹田皮可美

波可太的妹妹。
就讀小學六年級。

最有梗的自然教室

狸貓君與他的自然小夥伴

教科書の外で出会う、ぼくらの身のまわりの理科

波可太發現了不可思議的卷軸

波可太意外受傷與戀愛預感

從泳池到大海！波可太的歡樂夏天

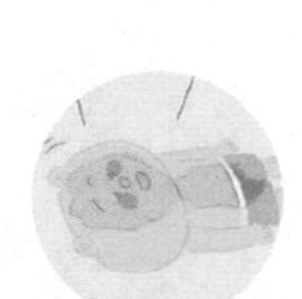

卷軸消失前的最後兩天

波可太的暑假結束了

波可太發現了不可思議的卷軸

第0話　不可思議的卷軸

7月
20日
喀噹
喀噹
叩咚
叩咚

喀噹
叩咚
喀噹
叩咚
還有10分鐘才到站。

爺爺最喜歡吃的大福也買好了……
特產
碰碰大福

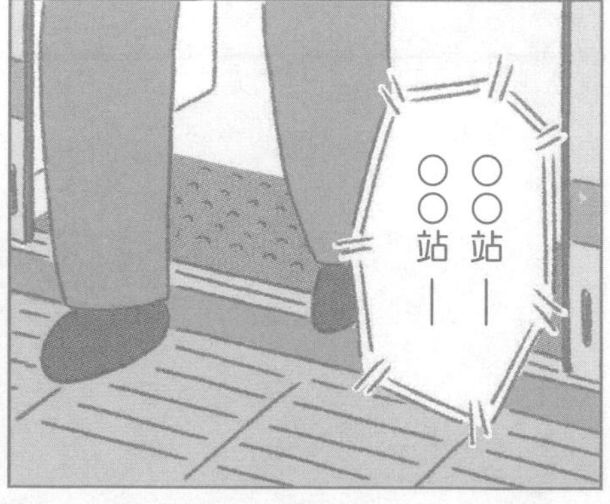
○○站——
○○站——

喀噹
叩咚
喀噹
叩咚
呼——車程好遠……

爺爺家依山靠海，
我得先搭50分鐘的火車，
再轉搭40分鐘的公車才能到。
噗咻——

我很喜歡爺爺家，
雖然是偏遠的鄉下，
但大自然能療癒人心。

每年夏天盂蘭盆節
連假時，我們全家
會一起回爺爺家，
這次是為了幫忙爺爺
大掃除，我才會自己
一人過來。

噗嚕嚕嚕…
戶外果然
超熱的…

唧——
唧——
唧唧唧唧
唧唧唧唧唧

唧——
唧——
呼～
終於到了。

叮咚——
爺爺～我來了！

安——靜——
奇怪？
不在家嗎？

叮咚——
有人在嗎～爺爺……
喔！波可太來了呀？

爺爺！
冒出
抱歉抱歉，我在這裡。

我來了～最近好嗎？
我精神可好了，像一尾活龍。你來得正好，我正要開始大掃除。
不好意思啊，你能馬上過來幫忙嗎？

我會給你零用錢的。
你喜歡的那些搞笑劇很花錢吧？
太感謝了！
握拳
追劇資金到手！

來倉庫這裡吧。

波可太
也很久沒進來
倉庫了吧？
喔喔～
好懷念喔！
小時候常常在這裡
玩探險遊戲呢～
倉庫裡面有
舊農具、工具、書，
還有一些家具什麼的……
不過東西實在太多，而且都已經
用不到了，我打算把這裡清一清。

波可太能不能幫我把這些
分成可燃和不可燃，
分別裝進垃圾袋裡呀？
堆積如山
如果看到想要的東西，
也可以帶回去喔。
好多……

我去對面打掃，
這裡就麻煩你了。
好～
這麼多不知道要
整理多久……
要了一雙手套

該從哪裡下手？啊，從最前面的開始好了。
……不過這裡東西也太多了吧，都是些不值錢的雜物就是了。

乾脆憑直覺快速分類好了！
動作迅速
毫無停頓

抓
嗯？

……卷軸？

祕密之書？

……
……打開看看吧。

咚

緩緩
展開

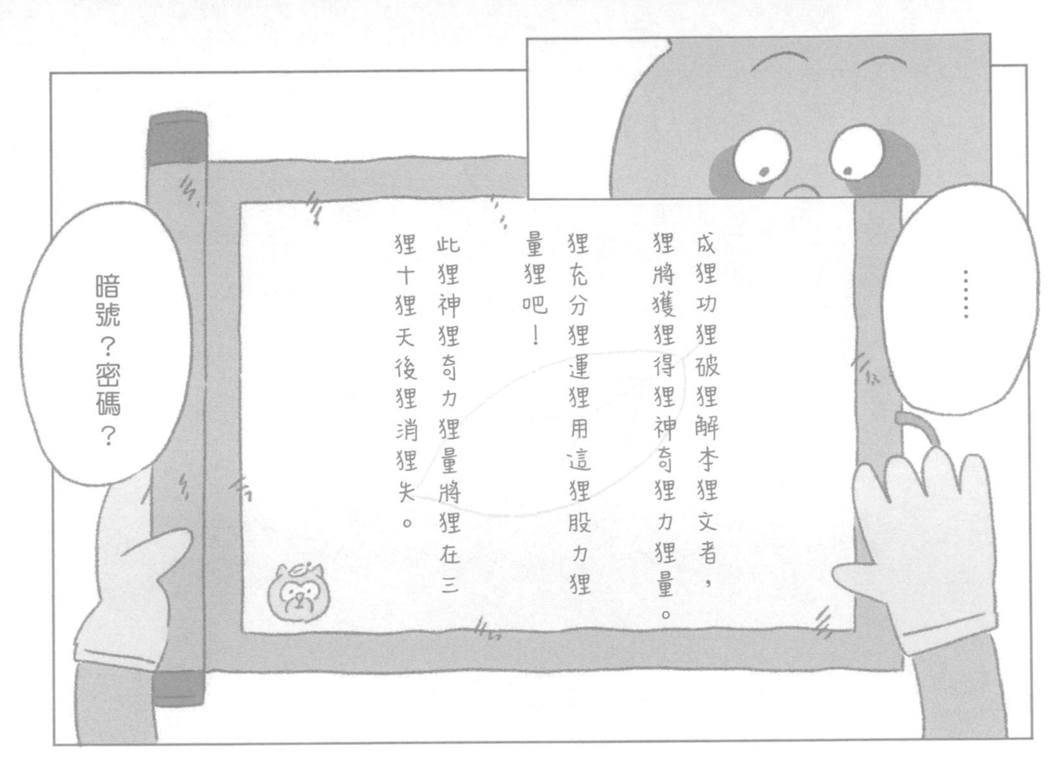
……
成狸功狸破狸解李狸文者，
狸將獲狸得狸神奇狸力狸量。
狸充分狸運狸用這狸股力狸
量狸吧！
此狸神狸奇力狸量將狸在三
狸十狸天後狸消狸失。
暗號？密碼？

盯——
上面寫的究竟
是什麼呢……

唔嗯——

啊
！
雖然很老套……

左下角畫了一隻狸貓，
把「狸」字消去唸看看的意思？
會這麼簡單嗎？
總之先試試……
我看看……

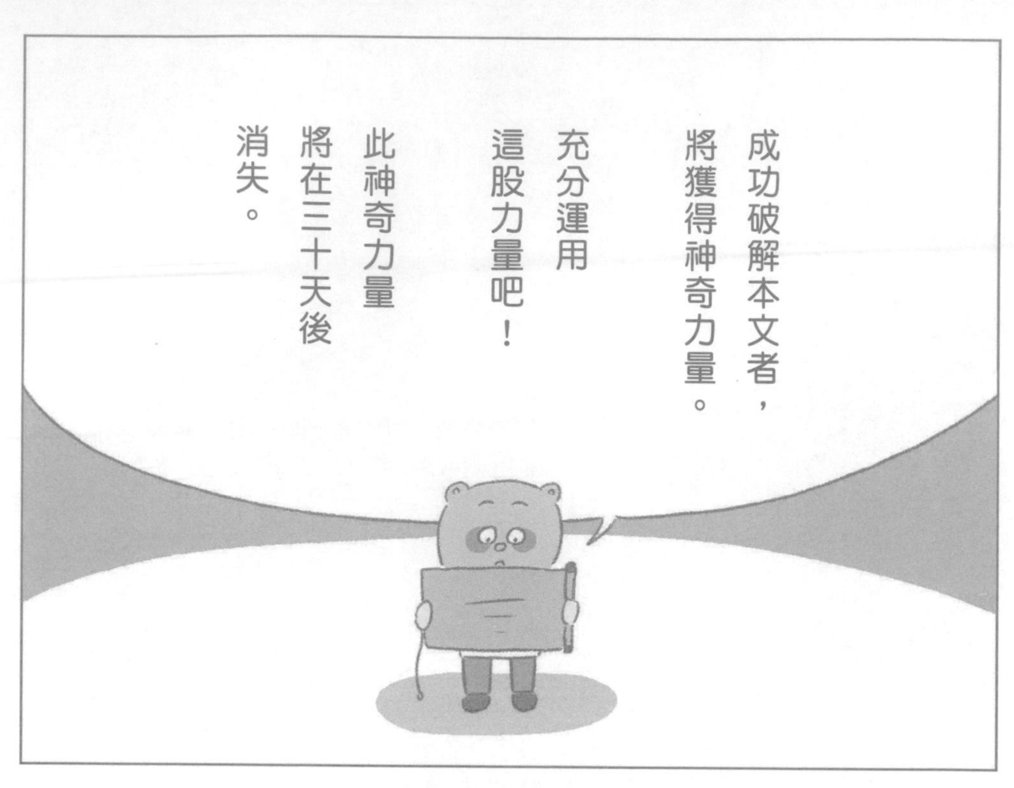
成功破解本文者，
將獲得神奇力量。
充分運用
這股力量吧！
此神奇力量
將在三十天後
消失。

超簡單就
破解了。
浮現……
神奇力量
是指什麼啊？

!?
出現一片
葉子！

哎？
怎麼回事？
飄浮
飄浮
葉子向我飄過來了？
飄浮
飄浮

飄浮
飄浮
貼上

消失
咦！

消失了！
跑進額頭裡了？

咦，咦？
怎麼回事？
波可太，怎麼了？

啊！爺爺！卷軸裡面！有葉子跑進頭裡了！
你先冷靜下來吧，慢慢說呀。
……

嗯，我對這個卷軸完全沒印象。
而且葉子怎麼可能會跑進額頭裡嘛。
是真的啦！葉子從卷軸冒出來，鑽進我的額頭！

倉庫裡面都是灰塵，應該是你看錯了吧。哈哈哈。
現在不是笑的時候啦！誰來告訴我究竟是怎麼回事？

第0話 完

第 1 話　鏽跡斑斑的空罐

如果喜歡那個卷軸，可以把它帶回家喔。麻煩你繼續整理囉。
嗯……

再次開始整理
丟
丟
丟
丟
動作不快點真的會做不完。

話說回來，卷軸上說可以獲得神奇力量……
丟
丟
丟
如果是能發大財或是喜劇現場表演看到飽該有多好。
嗯？

哇喔！這應該是罐頭吧。
生鏽成這樣也太誇張了。
拿起

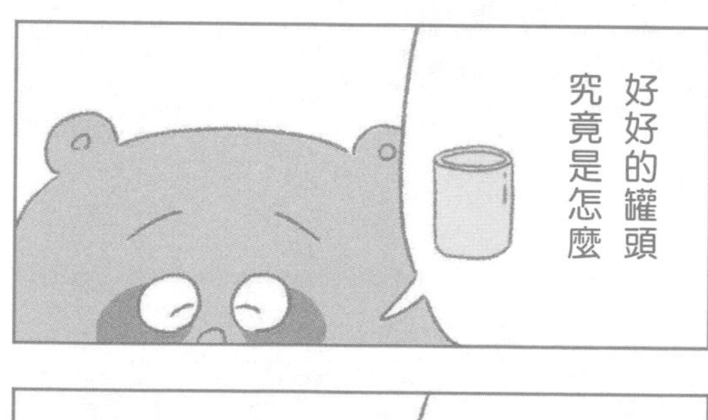
好好的罐頭究竟是怎麼

生鏽成這樣的啊……
冒出

這就是——
科學！

咻！

咦！
誰在說話？

剛才是誰的聲音……
這、這、這裡是哪裡啊——瞬間移動？

有好多東西飄在空中。
這裡是化學時光屋唷。

咦？
哎喲，是我呀！生鏽的罐頭。

哇！
拋開
飄浮
飄浮
飄浮
哈哈哈。抱歉抱歉，嚇到你了。

罐頭在說話。
這是夢？
別慌別慌，你先冷靜。

波可太，你解讀出卷軸的文章而獲得了神奇力量對吧？
唔？啊，嗯嗯……

這裡是只有從卷軸中獲得神奇力量的人才能進來的空間……
你心中的疑問都能在這裡獲得解答。
疑問？

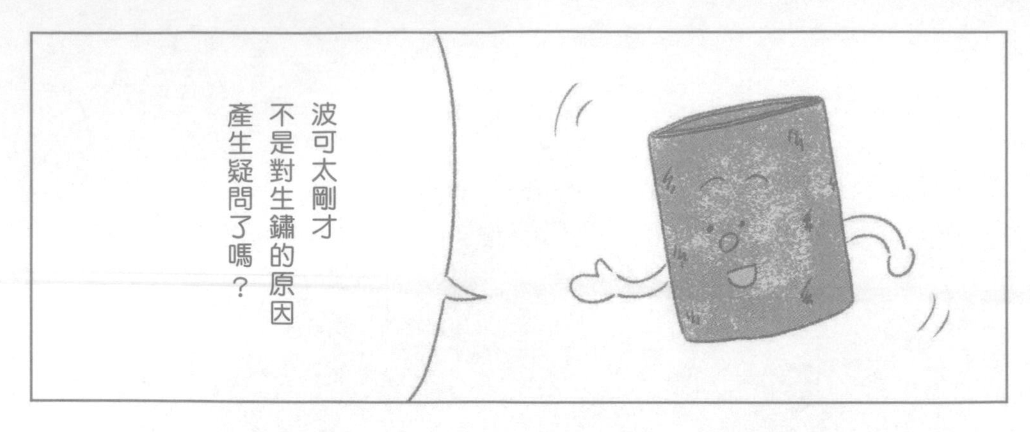
波可太剛才
不是對生鏽的原因
產生疑問了嗎？

嗯……
經你這麼一說，
好像是這樣沒錯……
好好的罐頭
究竟是怎麼
生鏽成這樣
的啊……

那個疑問就是
啟動力量的開關，
於是你就被
送進這個房間了。
……啊
??

所以該我
出馬了。
喝！
咻咻咻咻咻

砰
「生鏽」究竟是什麼？
鐵生鏽的原理
我們日常見到的生鏽幾乎都是鐵生鏽！
什麼是氧化？
「氧化」有2種！
防止鐵生鏽的方法
哇啊！
這是什麼啊？魔法？
驚慌失措
在這個空間裡，變個看板出來只是小菜一碟。

事不宜遲。
我們就用這張圖來說明「生鏽」是什麼吧。

等等啊，我根本還在狀況外，還有很多想問的……
別急別急，以後多的是機會讓你問。

Q 「生鏽」究竟是什麼？

A 生鏽是金屬表面緩慢**氧化**的過程。

什麼是氧化？

「氧化」是物質與氧結合後，生成其他物質的反應。這種反應所產生的物質稱為**「氧化物」**。例如銅氧化後會生成「氧化銅」。

示意圖

氧化銅

氧化鈣

「氧化」有2種！

緩和氧化反應

（反應過程中也會放熱，但因為速度太慢而難以察覺。）

生活實例

金屬生鏽

蘋果變黑

油品變質

染髮

產生光和熱的劇烈氧化反應

（又稱為燃燒。）

生活實例

蠟燭

營火

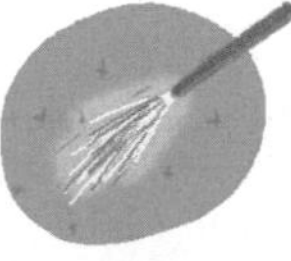
煙火

引擎

鐵生鏽的原理

①水附著在鐵的表面。

②鐵跟氧發生氧化反應，水會讓鐵變得更容易生鏽。

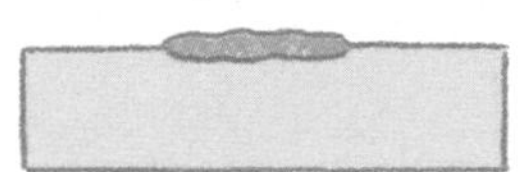

③反應過程中形成鐵鏽（氧化鐵）。

這過程中，水和氧缺一不可！

我們日常見到的生鏽幾乎都是鐵生鏽！＊1

＊1 黃金以外的金屬都會氧化。其中「鐵」較容易生鏽。

鐵鏽有2種

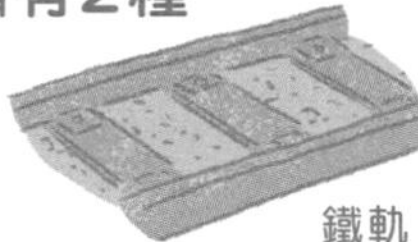

紅色的鐵鏽（Fe_2O_3）

鐵長期暴露在空氣中而生成的鐵鏽，容易脆化剝落，形成我們常見的鏽斑。

黑色的鐵鏽（Fe_3O_4）

鐵經過高溫加熱後，在物體表面形成氧化物薄膜，具有保護作用。有些鐵鍋具需大火「開鍋」就是這個用途。

防止鐵生鏽的方法

「馬口鐵」是指表面鍍錫的鐵皮喔！

方法1：塗裝或烤漆

在鐵的表面塗上一層保護漆，以隔絕空氣及水分。

方法2：電鍍

在鐵的表面鍍上一層不易生鏽的金屬。

方法3：合金

在鐵中加入其他金屬，製成不易生鏽的合金。

＊2 鐵與鉻、鎳等金屬元素組成的合金。

鐵的氧化……
「鐵」雖然便宜又方便加工，但也很容易生鏽。

砰
暖呼呼
暖暖包
嗶嗶嗶
順帶一提，暖暖包會發熱，其實也是鐵的氧化反應喔。
這樣啊！

其實鐵生鏽的過程也會放熱，只是因為速度太慢，所以人感受不到溫度上升。而暖暖包發熱的原理就是加速鐵的生鏽。

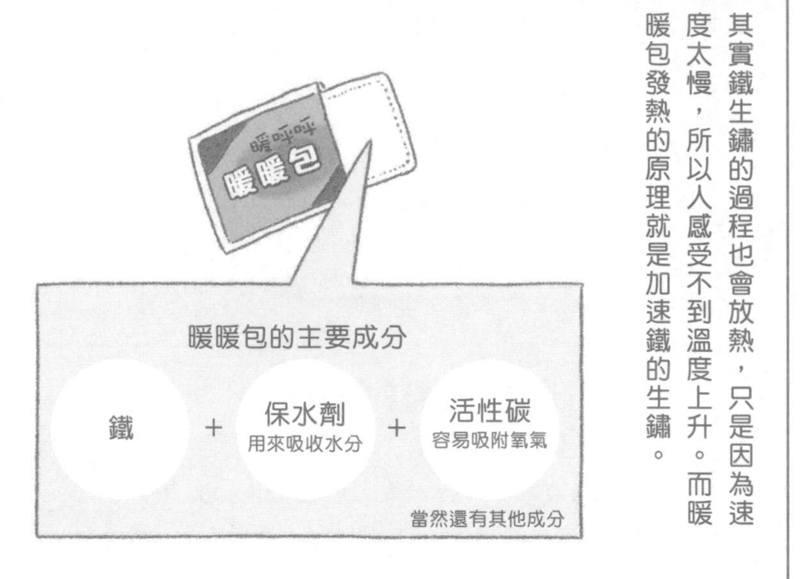

暖暖包的主要成分
鐵 ＋ 保水劑 用來吸收水分 ＋ 活性碳 容易吸附氧氣
當然還有其他成分

暖暖包中除了鐵粉之外，還添加了各種成分，藉由調整添加物的比例，進而控制發熱的溫度及時間。

所以用過的暖暖包成分也會跟鐵鏽一樣變成紅褐色。
使用後
啊！原來如此。

還有一種與氧化相反的反應，
也就是氧化物失去氧的反應，稱為「還原」反應。

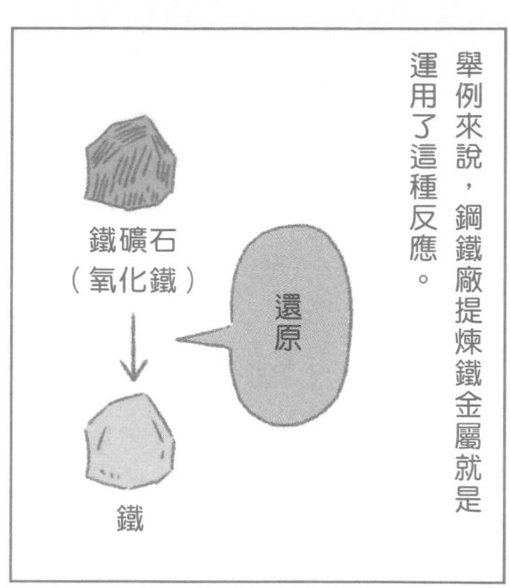
舉例來說，鋼鐵廠提煉鐵金屬就是運用了這種反應。
鐵礦石（氧化鐵）
還原
鐵

氧化與還原其實是一體兩面的事情，兩者一定會同時發生，畢竟有一方得到氧，就會有一方失去。
只是如果要深入解釋會很花時間，這次就先講解到這裡吧。

不過話說回來，這個空間還真神奇耶。

對了！那我還回得去原本的世界嗎？
啊，我忘了說了。
只要波可太覺得自己的疑問解開了就能回去喔。然後，你頭上的葉子，我只要按一下你就會回到原來的世界囉！
是這樣啊，太好了。
鬆了口氣

如何？你這次的問題有獲得解答嗎？
嗯。

很好……
按下

回到倉庫了。
葉子不見了啊。

啊！

罐子也恢復原狀了。

這就是卷軸上說的神奇力量嗎？
就這樣，波可太開啟了一段不可思議的體驗。
第1話 完

小知識

還原反應與鐵的冶煉

如漫畫中所述，與「氧化」相對的「還原」反應，是煉鐵的關鍵喔。

①投入原料

將煉鐵原料「燒結礦」和「焦炭」交替送入高爐。

燒結礦

將粉鐵礦混合石灰與其他成分，經燒結處理成塊並加工碾碎，變成顆粒狀的燒結鐵礦石。

焦炭

為煤炭經高溫乾餾後、碳含量較高的產物。焦炭會從鐵礦石中取走氧，將鐵礦石還原成鐵金屬。

②加熱

將高爐內部加熱至約2000℃以進行還原反應。

Fe_2O_3（氧化鐵）
↓
↓
↓
Fe（鐵）

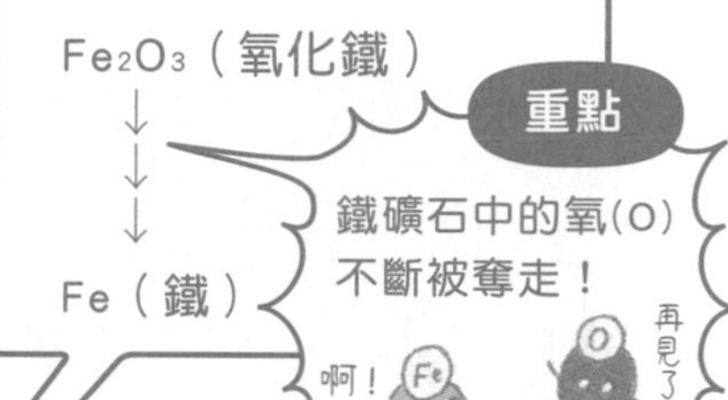

重點
鐵礦石中的氧(O)不斷被奪走！
啊！
Fe
O
再見了～

原料的輸送管

高爐（高度80m以上）

燒結礦和焦炭在爐內形成交疊分層結構。

③出鐵

鐵礦的氧被取走，還原成液態鐵（俗稱鐵水）從高爐底部排出。

④後續製程

這個階段產出的鐵還很脆，無法當作成品。必須去除雜質，於後段製程加以精煉後，才能煉成更強韌的鐵（鋼*2）。

鐵也分成很多種，這個階段的產物稱為「生鐵*1」喔。

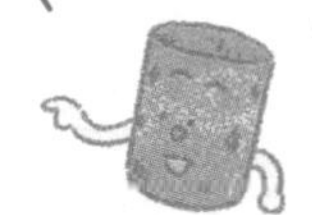

*1 含碳量大於2.0%，通常介於3～5%之間的鐵。
*2 含碳量在0.02～2.0%之間的鐵。

第2話　森林中的空氣

7月
21日
啾啾……
啾啾啾
喀噠
喀噠
喀噠

踏

嗯～真是神清氣爽的早晨！
天氣晴朗真是太好了。
上鎖

那我們出發吧。
還得趕在傍晚之前下山呢！
爺爺家的後山有條登山步道，每次來爺爺家玩，我們都會一起去爬山。

爬山雖然很累人，但我還滿喜歡的。
踏
不過，話說回來……
踏
踏

昨天回到現實世界後，
我想再次體驗那種神奇力量，
於是故意在腦海中想了很多問題，
但卻什麼事也沒發生。
要怎樣才能拿到更多零用錢呢？
要怎樣學校才會週休五日呢？
班上有沒有人在暗戀我？
雖說獲得了神奇力量，
但再這樣沒反應下去，
30天就白白浪費掉了嘛！

對了，「要怎樣才能發動神奇力量呢？」
哈囉！
我提問啦！
快回答我呀～

安—靜——
真是怪了！
我明明提問啦。
踏
踏
踏

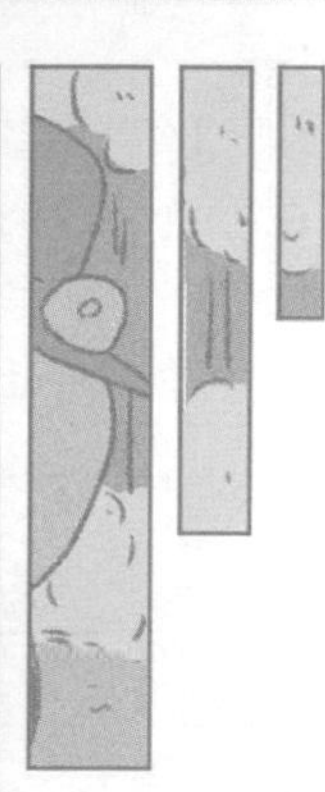

咕嚕
咕嚕

呼！
我復活了！
嗯，
剩下的路程
還有一半呢。

跟去年相比，今年爬山好像沒有那麼累了耶。
你習慣之後，體力就越來越好啦。
扭緊

爺爺每週都會來爬一次山對吧？真厲害！
沒什麼，這座山我閉著眼睛都能爬。
啊，這棵樹結果了！
起身

這樣走走，總覺得大自然真的能療癒身心呢！
戳
戳
我家附近都沒有這種充滿綠意的地方。

而且呀，山林或森林中的空氣聞起來總特別清新。
這是為什麼呢？
伸懶腰～

冒出

咻！

這就是——
科學！
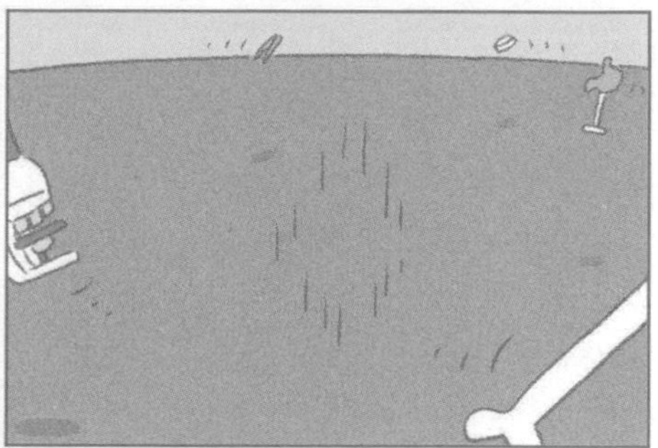

啪！
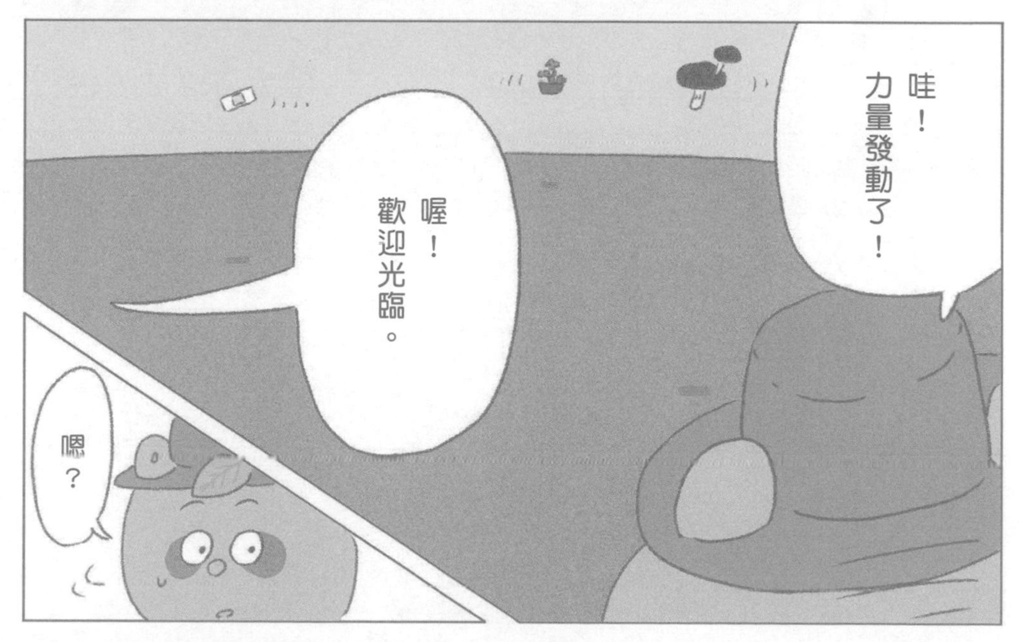
哇！力量發動了！
喔！歡迎光臨。
嗯？

哇啊！是樹！
沒錯，這次由我負責解說。
上次是在化學時光屋對吧？這裡是生物時光屋。
靠近……

咦，先是化學時光屋，然後又換生物時光屋？
這麼說起來，剛才又出現「這就是科學」的聲音了。
請、請問……
那我們就開始吧！

你這次的疑問是「森林中的空氣為什麼特別清新」對吧？
森林中較少工業與汽車廢氣當然也是原因之一，但最主要的原因其實是植物的光合作用。
什麼？光合作用？

沒錯，因為植物能透過光合作用製造出大量新鮮氧氣。
氧氣……
嘿啊，你知道植物行光合作用的原理嗎？

呃，好像有學過又好像沒有……
那好！

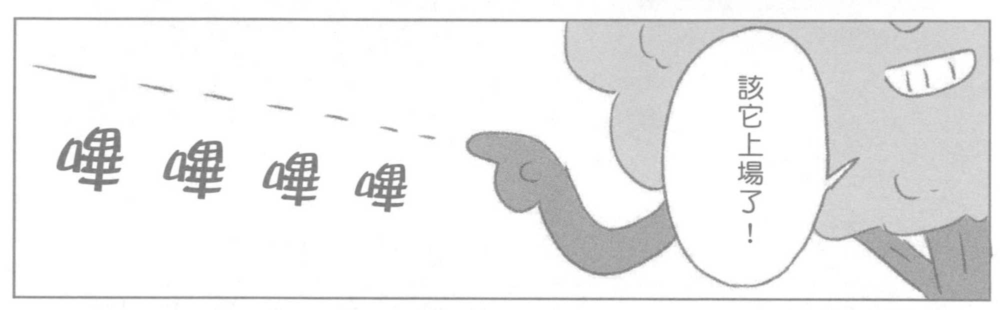
該它上場了！
嗶嗶嗶嗶

砰
哇喔！巨大看板又出現了！
看來這是固定模式囉？

Q 什麼是**光合作用**？

A 植物利用光能製造養分的過程。

光合作用的原理

植物內部的**葉綠體**可利用陽光的能量，將二氧化碳及水轉換成養分及氧氣。

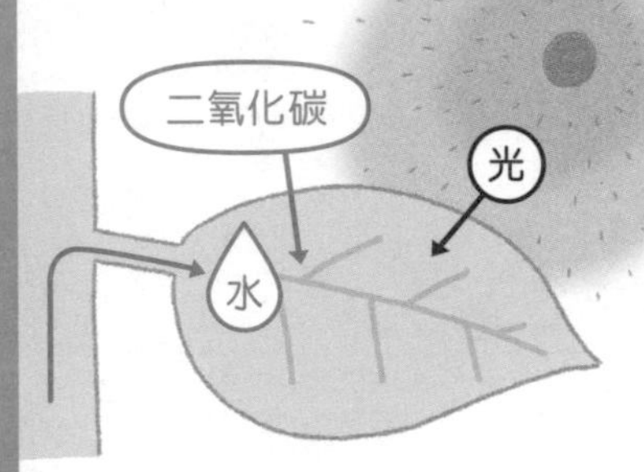

①植物從根部吸收「水」，並且從空氣之中吸收「二氧化碳」。同時，在「陽光」的照射下……

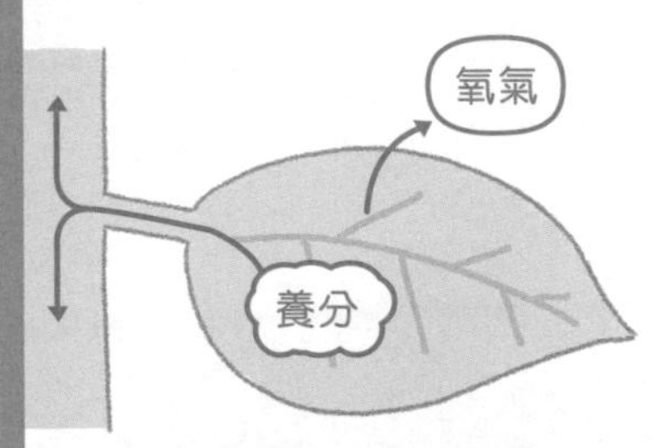

②製造出養分，並沿著葉脈輸送至全株。同時釋放出氧氣。

植物進行光合作用的目的是什麼？

這是為了製造植物生長發育所需的養分，並維持植物的生命。

食蟲植物主要的營養來源也是來自光合作用。

地球上的氧氣幾乎都是由具葉綠素的植物與藻菌等生物製造出來的。

要好好感謝我呀！

使用 LED 人工照明在室內栽種蔬菜已行之有年。

用LED栽培的萵苣
也可利用市售的LED植物燈箱在家種菜喔。

除了陽光之外，燈泡、日光燈、LED（發光二極體）也能讓植物行光合作用。

葉子在不同強度光照下的型態

有時候光線太強會讓植物散失太多水分，也可能對植物造成傷害。有些植物會根據環境光亮程度，利用不同方法改變葉子的型態，好調整它們接受的光量，例如酢漿草科、豆科植物等[*1]。甚至在某些植物的葉子細胞中，葉綠體也會依光照多寡移動位置。

光線不足時（清晨傍晚）

葉子舒展開來，
以便盡可能接收光線。

當光線太強時（大白天）

葉子緊縮，
以減少光照面積。

葉細胞俯視圖

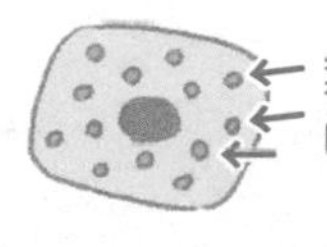

葉綠體在細胞內均勻分布。

葉細胞俯視圖

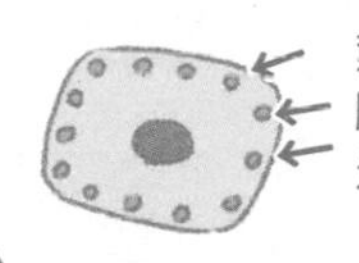

葉綠體移動到細胞邊緣，以減少光能的吸收。

＊1 這張圖為光照運動的代表示意圖，非酢漿草或豆科植物的確切葉形。

植物製造出養分後會先儲存在葉子。

葡萄糖和**澱粉**[*2]。植物先製造出葡萄糖，再將葡萄糖轉換成澱粉，並儲存起來。

「養分」具體來說是指什麼？

＊2 澱粉是由大量葡萄糖所組成的多醣類，澱粉難溶於水，較不會隨水流失，因此較容易儲存。

原來光合作用會利用到二氧化碳、光和水呀！
我明白啦～
嘿嘿嘿！植物用空氣和水就能製造出養分，很厲害吧！
咦，這樣算很厲害嗎？

超厲害的好嗎！人類至今都還沒完全搞懂光合作用的運作機制呢！
喔，是這樣嗎？
諾貝爾獎啊，好像真的很厲害的樣子！
嘿嘿，你知道厲害就好。

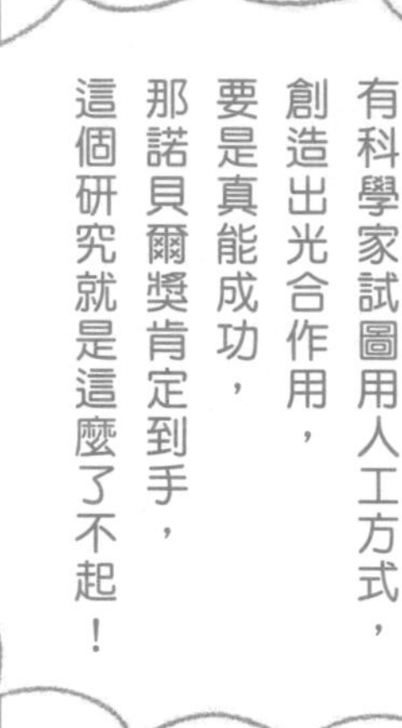
有科學家試圖用人工方式，創造出光合作用，要是真能成功，那諾貝爾獎肯定到手，這個研究就是這麼了不起！

哦，對了，森林中的空氣之所以聞起來特別清新，跟「芬多精」也有關係。
芬多精？

樹木散發的香氣中含有「芬多精」，能夠殺菌。不同植物的芬多精成分不同。有些食品為了延長保存時間，也會利用芬多精的殺菌、防腐效果。

利用植物包裹食物，達到芬多精的殺菌防腐效果

芬多精雖然對微生物有害，但對人類來說卻具有放鬆身心的效果，因此人們才會覺得森林中的空氣特別「清新」。

換句話說，森林中的空氣特別清新是有科學根據的。

原來如此，科學根據啊……

對了！
請問，這個空間能解答的疑問只限自然科學類嗎？

哦，
就是這樣沒錯。
波可太獲得的「神奇力量」是一種能夠解答自然科學疑問的力量。

真的假的？
消一沉
竟然只限自然科學。真是期待越大，失望越大！

怎麼了？還有什麼不懂的地方嗎？
啊，沒有，我都聽懂了。

那太好啦，我要按你頭上的葉子囉！
嗯。

按下

啪！

又變回空間跳轉前的姿勢了？

空氣特別清新是嗎？
咦！
我在這裡住了大半輩子，已經感覺不出差別了。哈哈哈。

時間沒有前進？

好了，休息得差不多了，我們繼續上路吧。
啾啾啾
唔，嗯。

第2話 完

第3話　洋芋片的包裝袋

加油！就快到山頂了。
哈呼、哈呼，嗯……
喔！到了！
山頂

太棒了！我成功登頂啦！
坐在長椅上休息一下吧。
山頂

呼——
啊～累死我了。

對了，我有帶零食。

咦咦！
嗯？
怎麼啦？
我看看——
翻找
翻找
袋子快撐破啦！
怎麼會這樣？
洋芋片
薄鹽口味
咻！
這就是——
科學！
啊

今天已經第二次了。
還是好不習慣這種感覺。
東張
西望
我會膨脹是因為氣壓變化的關係啦。

啪！

跌倒
好痛！

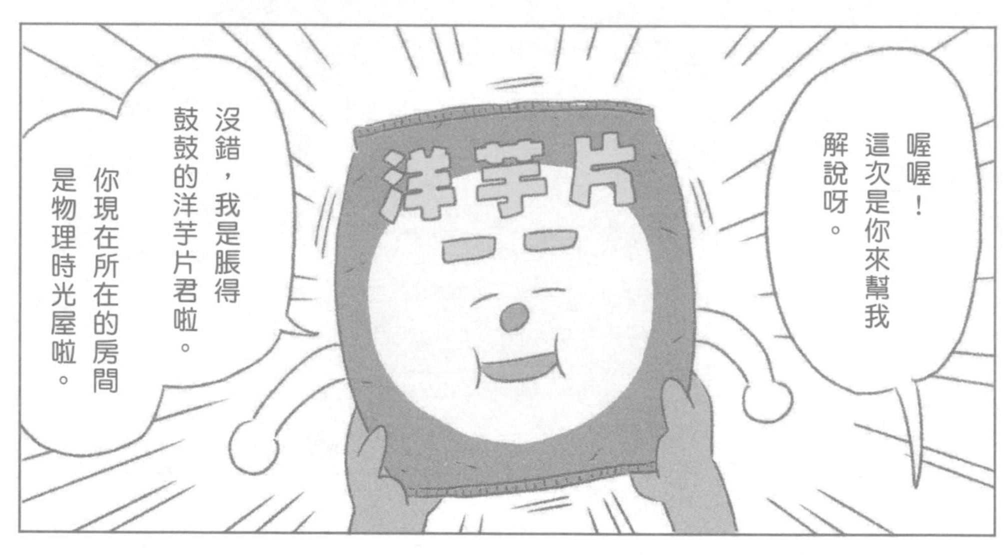
喔喔！這次是你來幫我解說呀。
洋芋片
沒錯，我是脹得鼓鼓的洋芋片君啦。
你現在所在的房間是物理時光屋啦。

你剛才說「氣壓」？
沒錯，「氣壓」就是指空氣所施加的壓力啦。
洋芋片
跳開

壓、壓力？

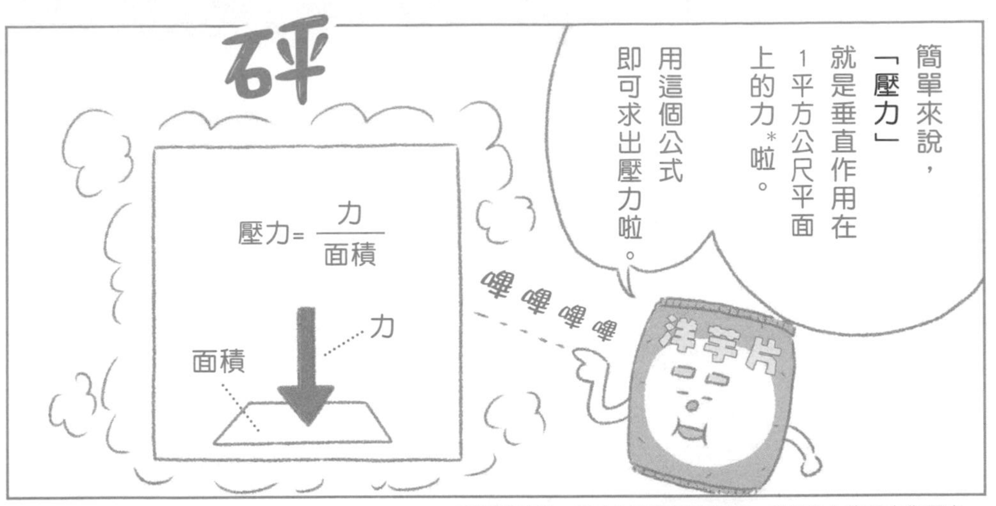
簡單來說，
「壓力」
就是垂直作用在
1平方公尺平面
上的力*啦。
用這個公式
即可求出壓力啦。
咻咻咻咻
砰
壓力= 力/面積
力
面積
洋芋片

＊更精確的說，壓力是指每單位面積，受到多大的垂直作用力。

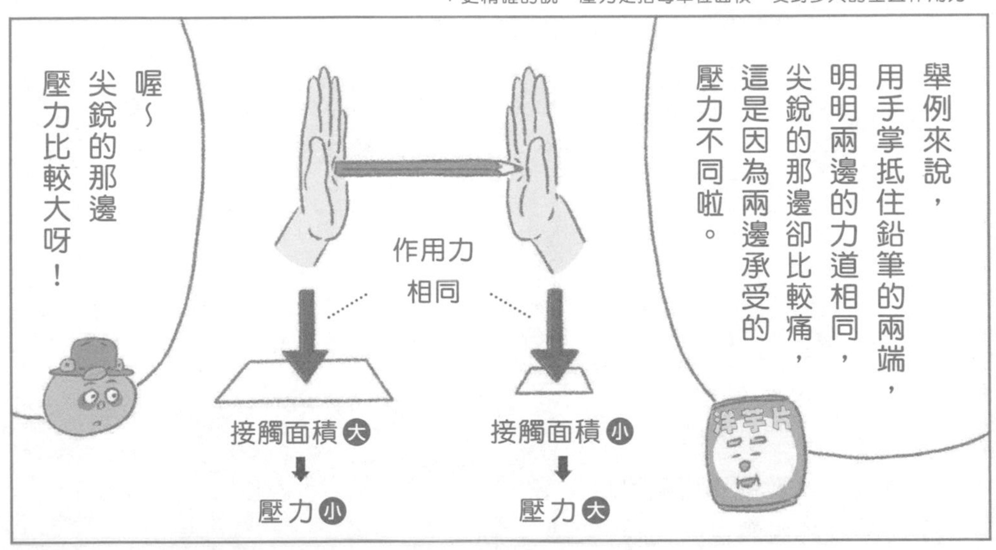
舉例來說，
用手掌抵住鉛筆的兩端，
明明兩邊的力道相同，
尖銳的那邊卻比較痛，
這是因為兩邊承受的
壓力不同啦。
喔～
尖銳的那邊
壓力比較大呀！
作用力
相同
接觸面積大
壓力小
接觸面積小
壓力大
洋芋片

嗯，壓力的說明
我大致了解了，
不過空氣也有壓力？
意思是說空氣會推擠
施壓？有這種事嗎？
當然有啦。
真的有啊！
洋芋片

好，
那就該它
出場啦。
咻咻咻咻
砰
洋芋片

Q 為什麼洋芋片的包裝袋在山頂會膨脹？

A 因為山頂的**氣壓**比山腳低。

什麼是氣壓？

氣壓是指空氣對地球上所有物體施加的壓力。又稱為**「大氣壓力」**。

氣壓
氣壓
氣壓
氣壓

雖然人類感受不到氣壓的存在，但空氣確實造成一股巨大的壓力。

人和物體為何不會被壓扁？

人體和物體的內側都有一股壓力，與外側的大氣壓力相同，因此內外兩側的壓力可以相互抵消，人和物體都不會被空氣壓扁。

海平面（海拔 0m）的氣壓約為 1013hPa*，而海拔越高的地方，氣壓就越低。

我用實驗證明了氣壓的存在。

Pa（帕斯卡）為壓力單位，源自法國數學家、物理學家「布萊茲・帕斯卡（Blaise Pascal，西元 1623-1662 年）」。

但首先發現大氣壓力的是托里切利（Evangelista Torricelli，西元 1608-1647年）啦。

洋芋片

*hPa唸做百帕斯卡（hectopascal），是氣壓的單位之一。
「百(hecto)」代表「100倍」的意思，1hPa =100Pa。

海拔高度與氣壓之間的關係

簡單來說，氣壓高低取決於我們頭上所承載的空氣量。在距離海平面越高的地方，例如山頂，我們頭上的空氣量越少，因此氣壓就越低。

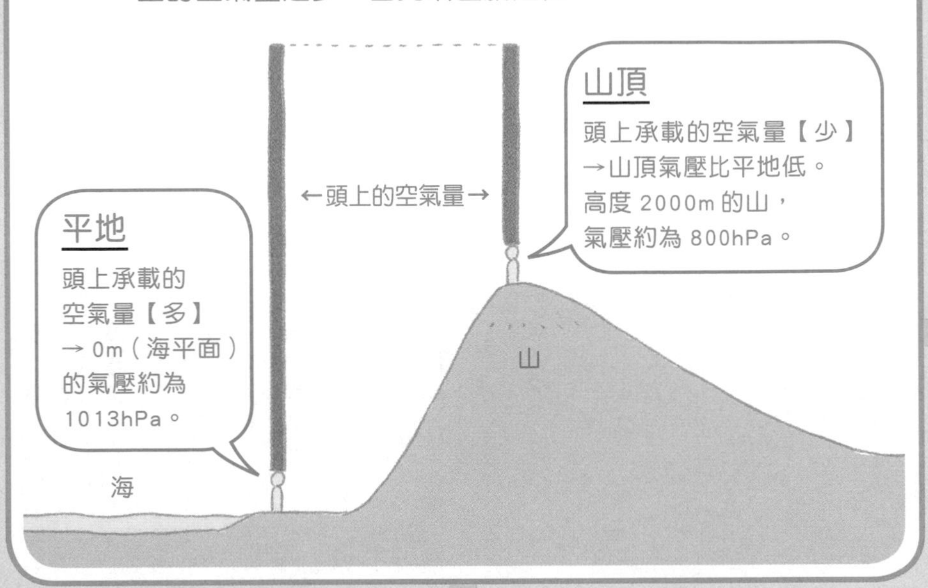

洋芋片包裝袋在平地與山頂時的差異……
（假設是在平地密封包裝）

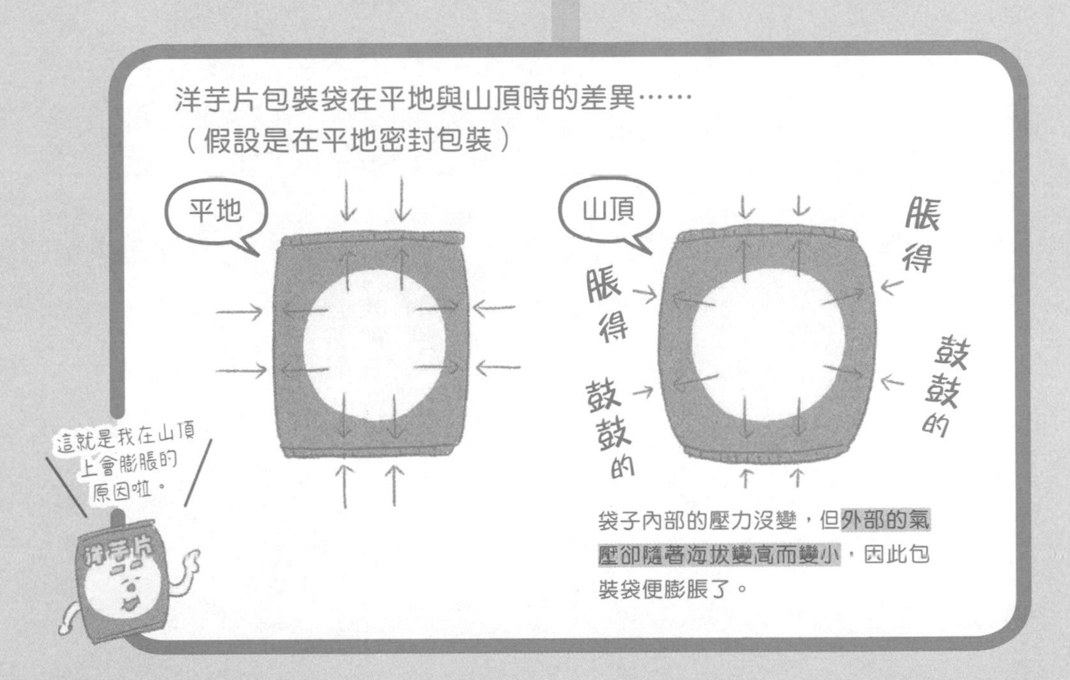

袋子內部的壓力沒變，但外部的氣壓卻隨著海拔變高而變小，因此包裝袋便膨脹了。

因為氣壓變小，所以包裝才會膨脹……是這樣嗎？
咦！
洋芋片

怎麼，你不相信嗎？
嗯，畢竟空氣看不到也摸不著嘛。

不過，我大致了解你會膨脹的原因了，感謝囉！
唔，我還是希望你能理解得更透澈一點啦。

好！
那我們來做個實驗啦！
洋芋片

做實驗？會不會很花時間啊……
說起來，我在這裡時，現實世界的時間是停止的嗎？
沒錯啦。
所以，不用擔心時間的問題啦。
嗯，那好吧。

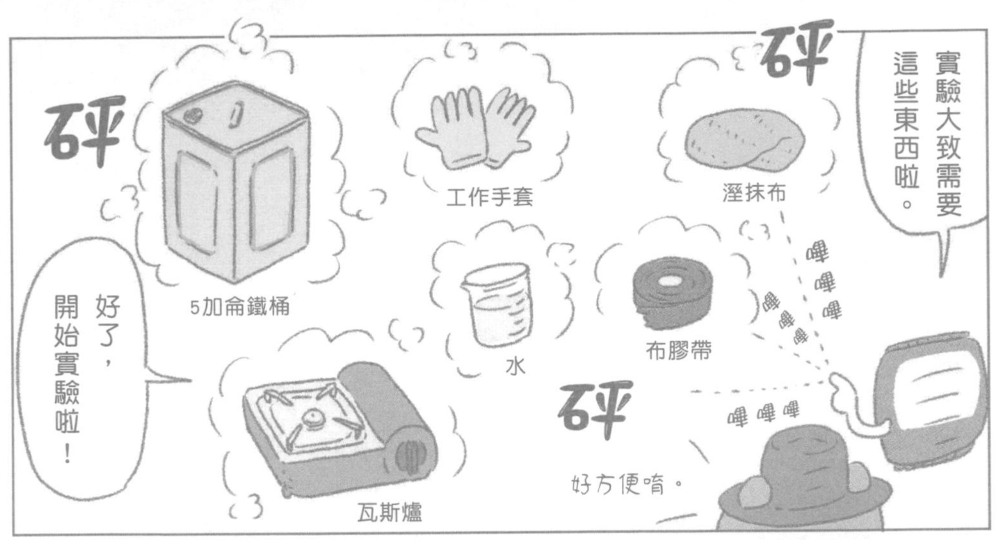
實驗大致需要這些東西啦。
砰
溼抹布
工作手套
砰
5加侖鐵桶
嗶嗶嗶嗶嗶嗶嗶嗶嗶嗶嗶嗶
水
布膠帶
砰
好方便唷。
瓦斯爐
好了，開始實驗啦！

首先，在鐵桶內倒入一些水，然後放到瓦斯爐上加熱。
咔嚓
咕嘟咕嘟咕嘟

鐵桶內的水煮沸、冒出熱氣後，用膠帶封住鐵桶的開口。

最後，將鐵桶放到溼抹布上……
洋芋片
放上

大功告成啦。
咦，這樣就完成了？
總之，拭目以待就對啦。
洋芋片
安—靜——

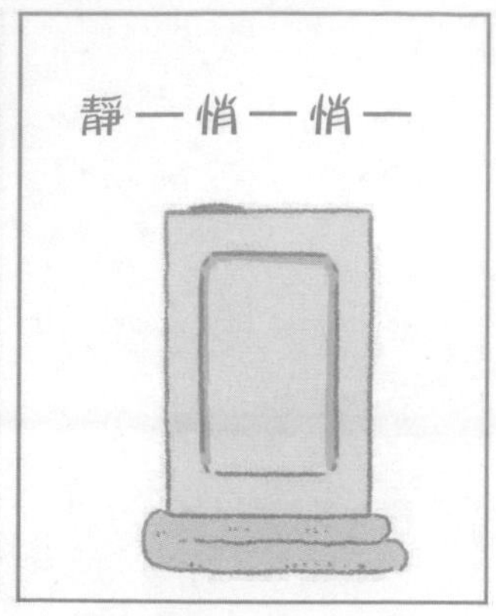

鐵桶被壓扁的原因

①鐵桶內的水沸騰後變成水蒸氣，將原本桶內的空氣推擠出去。

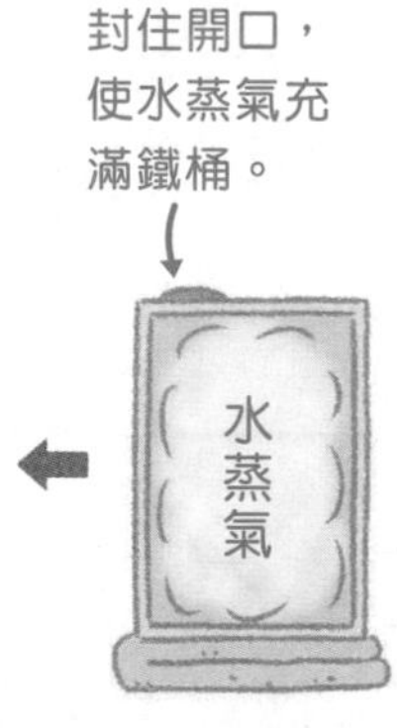

封住開口，使水蒸氣充滿鐵桶。
水蒸氣

②當鐵桶冷卻後，水蒸氣會凝結成水*，此時桶內空氣極稀薄，接近真空。

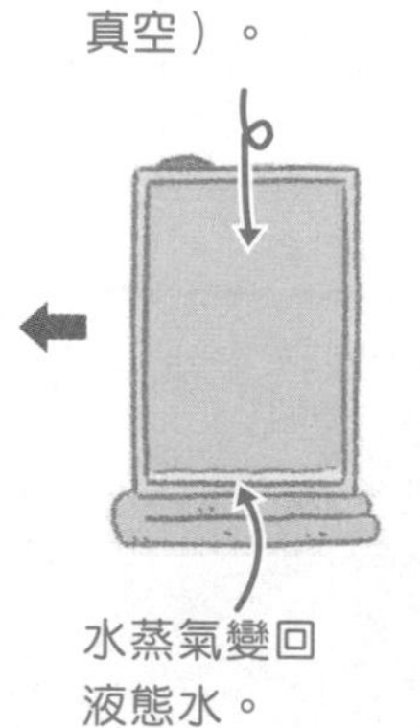

桶內幾乎無空氣（接近真空）。
水蒸氣變回液態水。

③桶內向外推擠的氣壓消失，於是鐵桶被外界的大氣壓力壓扁。

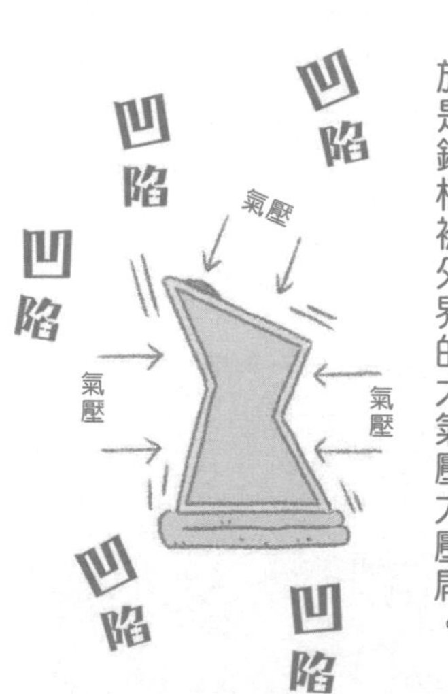

*當水蒸氣凝結成水時，體積會縮小約1000倍。

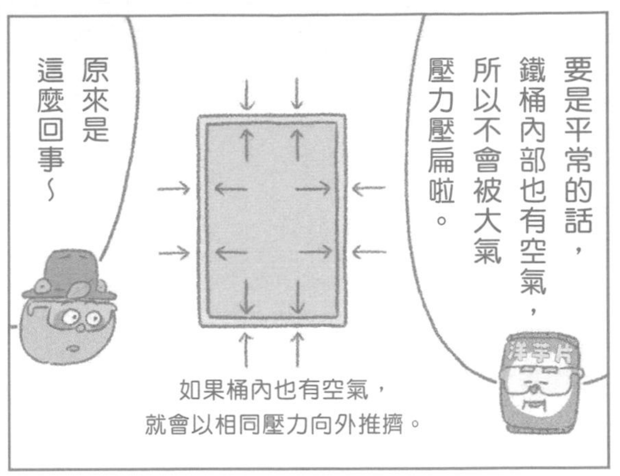
要是平常的話，鐵桶內部也有空氣，所以不會被大氣壓力壓扁啦。
如果桶內也有空氣，
就會以相同壓力向外推擠。
原來是這麼回事～

雖然終究還是看不到空氣，但是至少有讓你感受到大氣壓力的威力吧？
嗯！謝謝你。

太好了。那我要按你頭上的葉子啦！
按下

啪！

啊，那是因為……
氣壓的變化，袋子才會膨脹！哈哈哈。
啊，看來時間沒有繼續前進。

你今天還得坐車回家對吧？那我們……
休息個15分鐘就下山吧！
嗯！

哎喲，一想到還得搭電車回去就懶了～
暑假才剛剛開始，波可太還會遇到什麼問題呢？
第3話 完

7月
22日
好！
首先，
把暑假計畫
安排好！
振奮
7月底之前要寫完
暑假作業……
寫
寫
搞笑
盂蘭盆節全家一起去
爺爺家……
然後，搞笑劇的現場
表演是在……

完成！
太完美了！
那先來
寫作業吧。

我看看，
首先是
數學作業。

5分鐘後……
嗚～啊～
還是來看一直
沒空看的影片吧。

哈哈哈。

8月
廣播節目
超讚的！

7月
23日
去影音出租店租搞笑劇DVD
喔！這片還沒租過。
人類
巨人大戰
MOON
之時
山啊
fly
ARO
砰！

7月
24日
看一整天的DVD
嘻——笑死我了——

第1～3話登場的解說角色們

生鏽罐頭君

在鏽跡斑斑的外表下，
有一顆純淨的心。鐵製罐頭。
第1話・化學時光屋登場。

脹得鼓鼓的洋芋片君

說話時習慣在句尾加「啦」。
薄鹽口味。
第3話・物理時光屋登場。

樹大哥

以身為植物為榮。
樹種不明。
第2話・生物時光屋登場。

波可太意外受傷與戀愛預感

第4話　彩虹

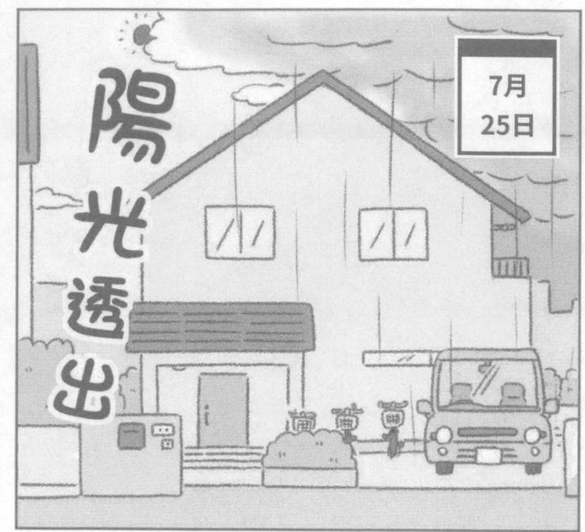

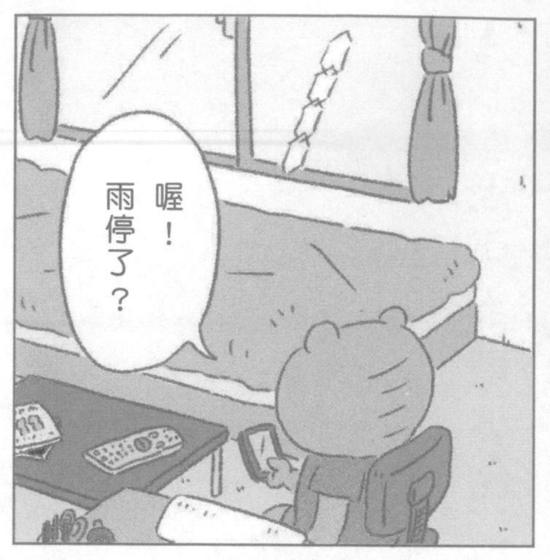

喔！雨停了？

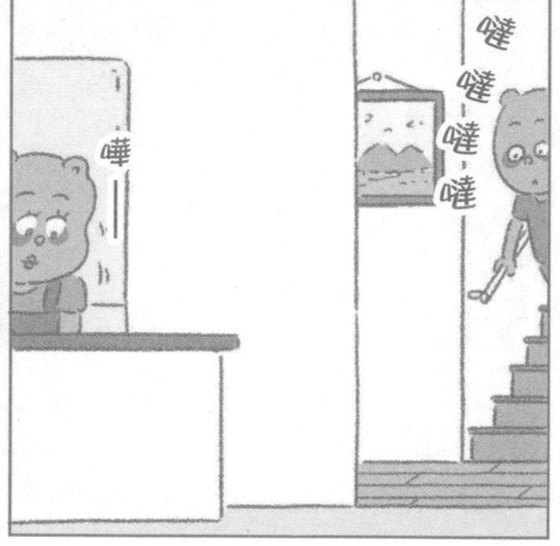

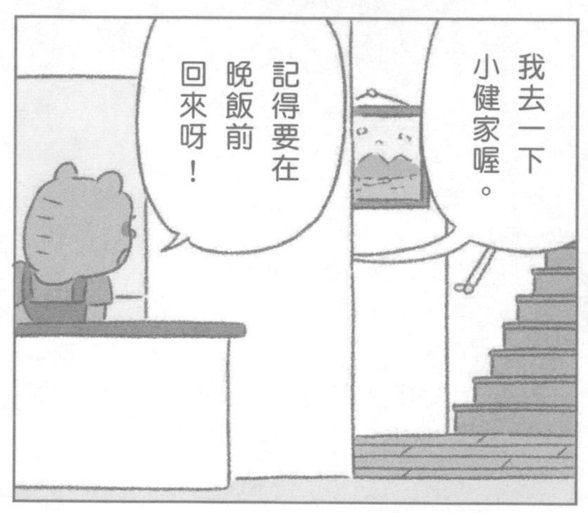

我去一下小健家喔。
記得要在晚飯前回來呀！

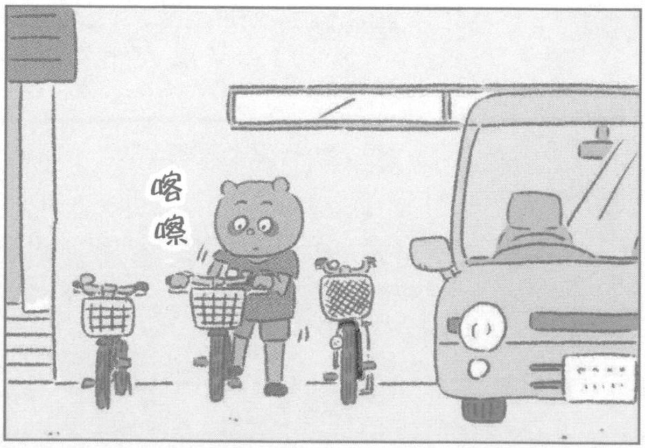

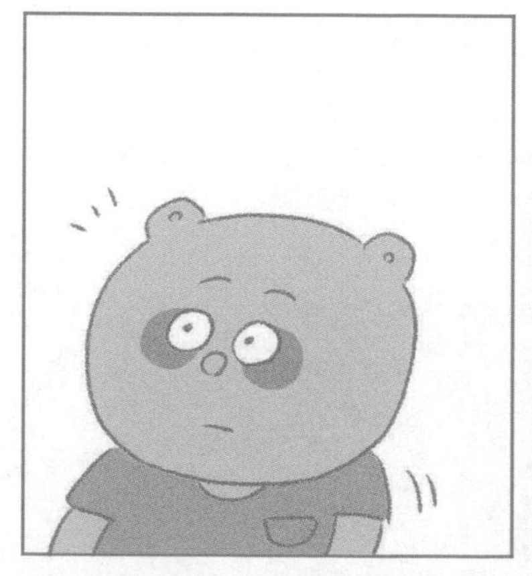

啊～是彩虹。
好漂亮！

不過，為什麼會有彩虹呀？
真不可思議！

這就是——
科學！
啊

歡迎歡迎。
啪！
好好笑的姿勢（笑）

你好，我是彩虹，謝謝你對我感興趣。
彩虹是怎麼形成的？為什麼是有這麼多顏色？你應該對彩虹有非常多的疑問對吧？

不過在介紹彩虹之前，我想先說明一下「光」最、最基本的概念。
咦，光嗎？基本概念？還沒聽就覺得好難。

也就是說，彩虹和光有關係囉？
沒錯！追根究柢，人之所以能看見東西，都要歸功於光的存在，我們能看見彩虹也是相同道理。

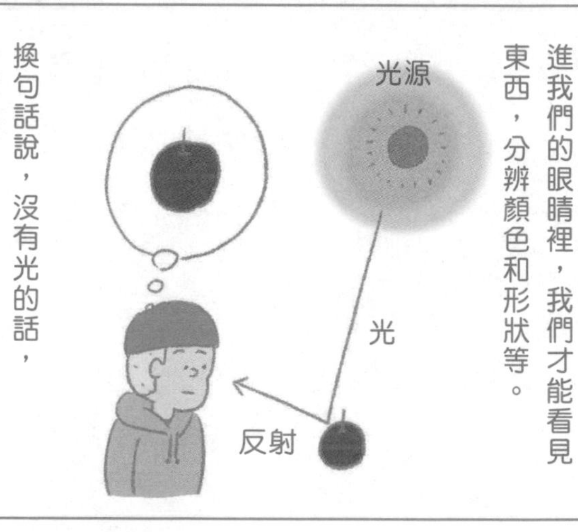
必須有光照射在物體上，再反射進我們的眼睛裡，我們才能看見東西，分辨顏色和形狀等。
光源
光
反射
換句話說，沒有光的話，我們是看不到東西的。

可是，晚上在房間即使不開燈，只要眼睛習慣後，也能隱隱約約看見東西呀？

那是因為有微弱的光線從某處照射進來。如果是在完全黑暗的地方，無論你等多久都看不到東西的。
我們實際試試看吧！
啪嚓！
關閉房間電源！

啪——
啊，一片漆黑。

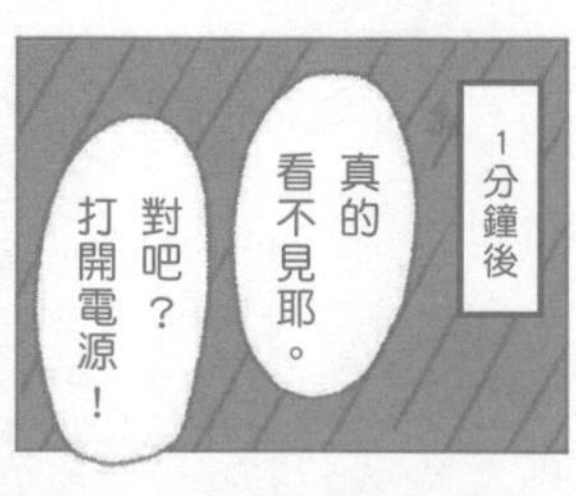
1分鐘後
真的看不見耶。
對吧？打開電源！

啪！
這樣你懂了吧？
又亮了。

光的特性（行進方式）

①直線前進

光在真空中或空氣、水等均勻介質中，都是沿著直線前進。

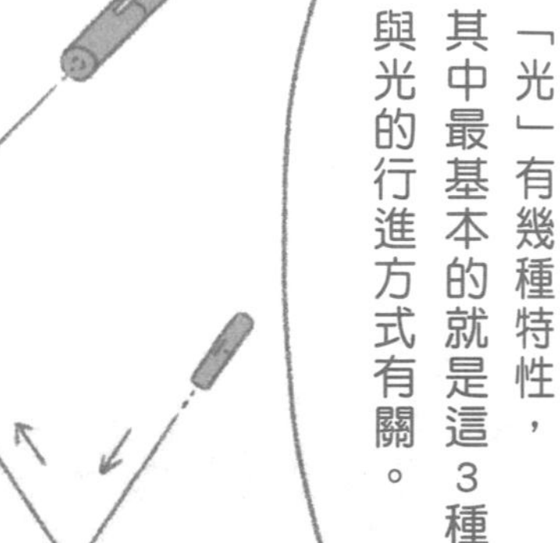

②反射

光照射在任何類型的表面上，都會以與入射角相同的角度反射回來。

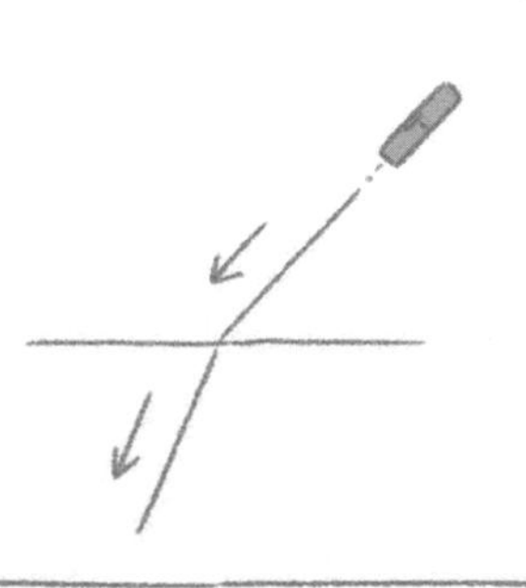

③折射

光從空氣斜射進入玻璃或水中時，行進方向會發生偏折。

我接下來要說的，跟我們之所以能看到彩虹有很大的關係。

「光」有幾種特性，其中最基本的就是這3種，與光的行進方式有關。

……
我怎麼越看越不明白。
這樣啊。那你先在腦中有個印象就好。我們直接進入主題吧，來談談為什麼會看見彩虹。
嗶嗶嗶嗶

Q 彩虹是怎麼形成的？

A 陽光照射空氣中的水滴，經由**折射**和**反射**產生的。

為什麼會看見彩虹？

當空氣中布滿小水滴時，如果我們背對著太陽，就有很大的機會會看到彩虹。彩虹形成是因為陽光照射到散布在空氣中的小水滴，並在水滴內發生**折射**及**反射**。

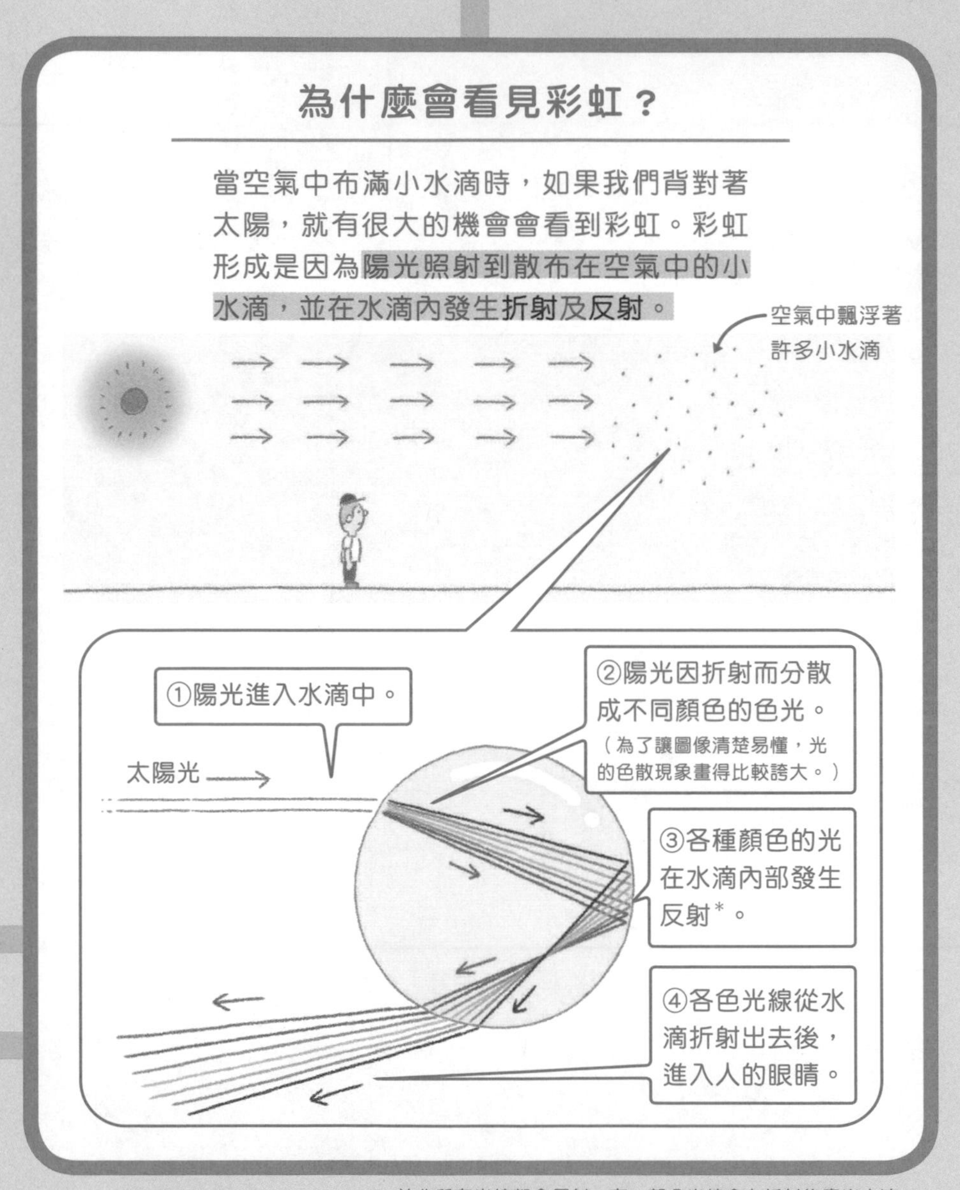

空氣中飄浮著許多小水滴
①陽光進入水滴中。
太陽光
②陽光因折射而分散成不同顏色的色光。
（為了讓圖像清楚易懂，光的色散現象畫得比較誇大。）
③各種顏色的光在水滴內部發生反射*。
④各色光線從水滴折射出去後，進入人的眼睛。

* 並非所有光線都會反射，有一部分光線會在折射後穿出水滴。

陽光被分散開來的原因

陽光中不同顏色的光，折射的角度也不同。因此，當陽光進入水滴發生折射時，便會分散成不同顏色的光。

色光越接近紅光，偏折角度越小。
色光越接近紫光，偏折角度越大。
所以彩虹才會看起來七彩繽紛！

陽光看似無色，其實是由各種不同顏色的光所組成。彩虹可以說是陽光分解後的產物。

牛頓的貢獻

牛頓*利用稜鏡證明太陽光其實是由各種不同顏色的光所組成。

將稜鏡對準牆壁上開的小洞（此為簡化示意）。
牛頓先生好厲害！

艾薩克・牛頓 Isaac Newton
(西元1642～1727年)

＊英國科學家，其萬有引力與三大運動定律聞名於世。

什麼是稜鏡？

用玻璃或透光材料製成的透明多面體。外觀多為三角柱狀，太陽光通過三稜鏡折射後，便會分散成彩虹般的彩色光譜。

三稜鏡

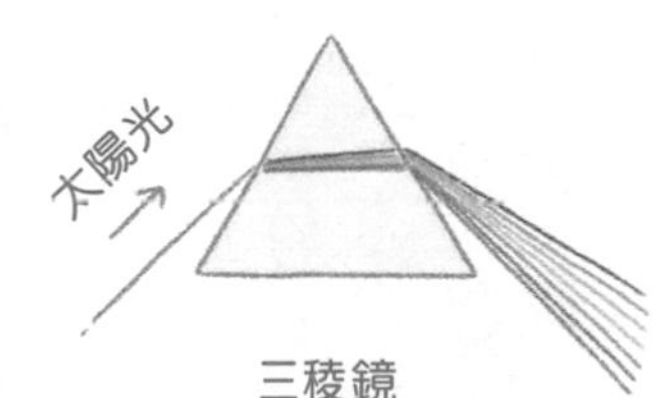

三稜鏡

太陽高度與彩虹的關係

太陽在天空中越高時，彩虹的位置就越低。相反的，太陽在天空中越低時，彩虹的位置就越高。

太陽在高空時

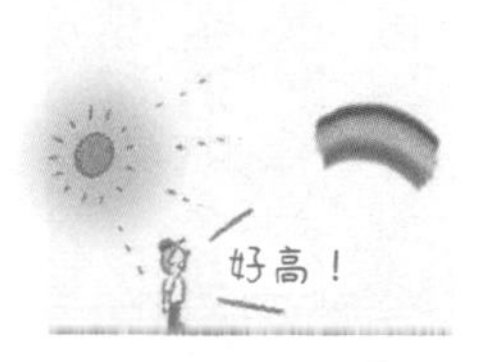

太陽在低空時

當陽光碰撞到空氣中的塵埃微粒時，會向四面八方反彈出去，稱為「散射作用」。而所有可見光中，偏藍色的光最容易被散射；偏紅色的光則較不易被散射。

〈示意圖〉

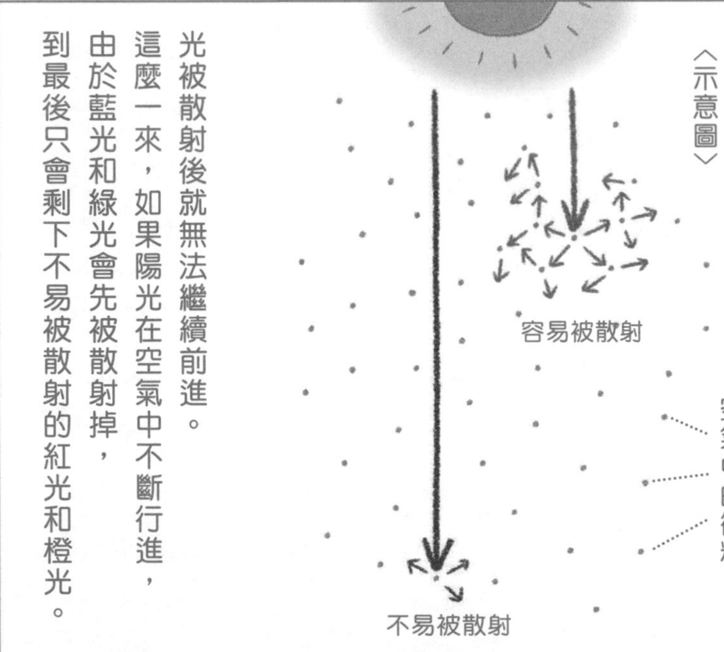

光被散射後就無法繼續前進。這麼一來，如果陽光在空氣中不斷行進，由於藍光和綠光會先被散射掉，到最後只會剩下不易被散射的紅光和橙光。

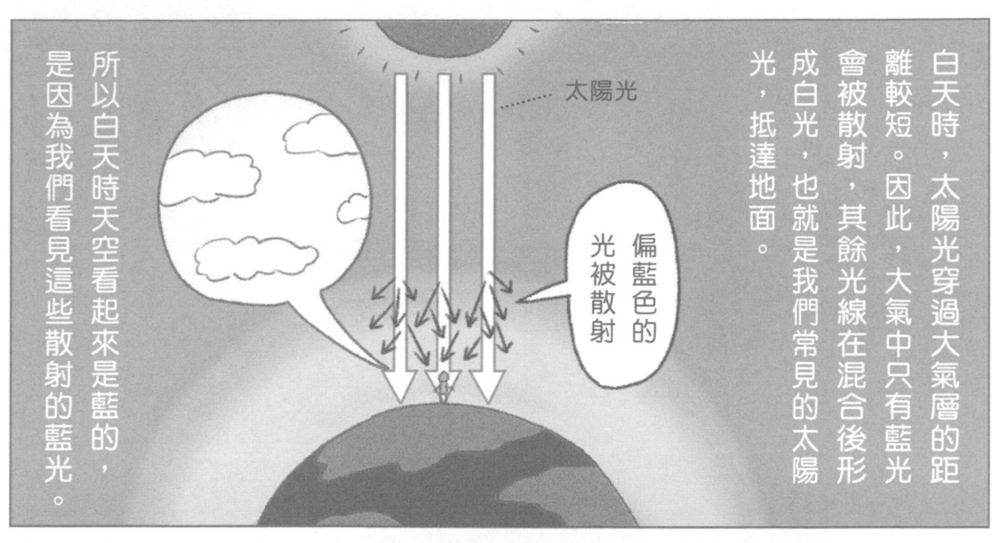
白天時，太陽光穿過大氣層的距離較短。因此，大氣中只有藍光會被散射，其餘光線在混合後形成白光，也就是我們常見的太陽光，抵達地面。
太陽光
偏藍色的光被散射
所以白天時天空看起來是藍的，是因為我們看見這些散射的藍光。

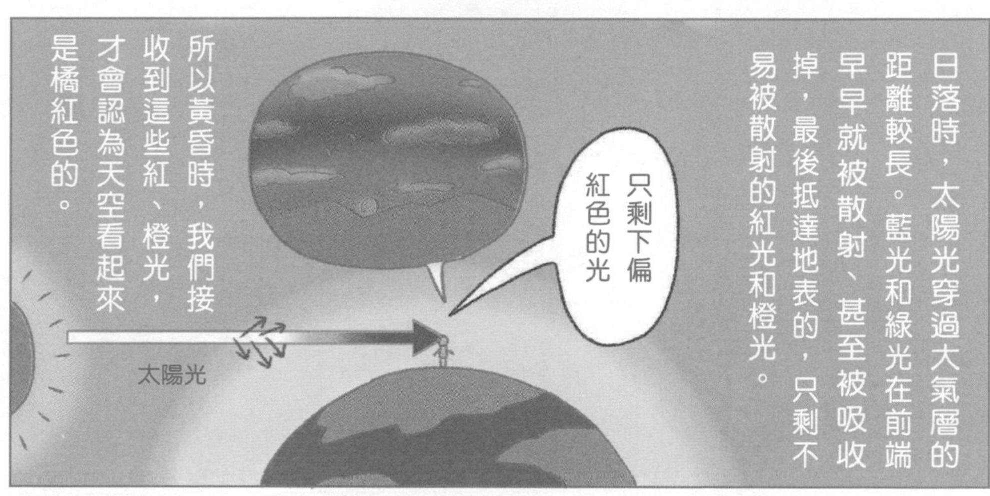
日落時，太陽光穿過大氣層的距離較長。藍光和綠光在前端早早就被散射、甚至被吸收掉，最後抵達地表的，只剩不易被散射的紅光和橙光。
只剩下偏紅色的光
所以黃昏時，我們接收到這些紅、橙光，才會認為天空看起來是橘紅色的。
太陽光

我從來沒想過為什麼天空會呈現那些顏色，好有趣喔！
如果能讓你產生興趣，我就很開心了！那彩虹的原理也懂了嗎？
嗯！謝謝你。

那我要按囉！
按下
咻！

啪！

搖晃
唔，嘿咻
我本來是這個姿勢嗎！？

啊！哇啊！
哐啷——

痛死我了！

膝蓋都流血了……

吱嘎——
吱嘎——
不會吧？車壞了？
膝蓋好痛
波可太以受傷為代價（？）又成功解開一個疑問。
第4話 完

小知識	日常生活中 「光的應用」	我們的生活中，有許多物品都運用了光的反射及折射等原理。

交通標誌

道路交通標誌的表面貼了特殊加工過的反光膜，使汽車車燈照射到標誌後，光線會反射回駕駛人眼睛裡。

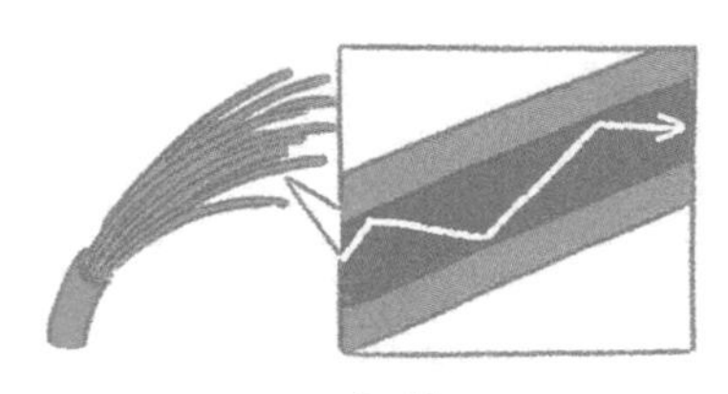

光纖

利用光線在光纖內部不斷反射來傳送訊號。廣泛應用於網路通訊或醫療內視鏡等。

眼鏡

利用鏡片的光學特性，使光經過折射進入眼球後，可以準確聚焦在視網膜上，產生清晰的影像。

照相機

相機鏡頭是由多塊光學鏡片組成，可調整光線的折射方式，從而匯聚成美麗的影像。

LED電視

電視螢幕中，緊密排列著滿滿的紅、綠、藍三色光點。這三種光點的組合，可產生出各種不同的色光，故稱為「三原色光」。例如，當三種光點都發光時，畫面會呈現白色；紅色和綠色發光時，畫面會呈現黃色；而三原色光全暗時，畫面則是黑色的。

第5話　結痂

7月
26日
好熱呀～
好熱呀♪
這麼熱的天氣
就是要～

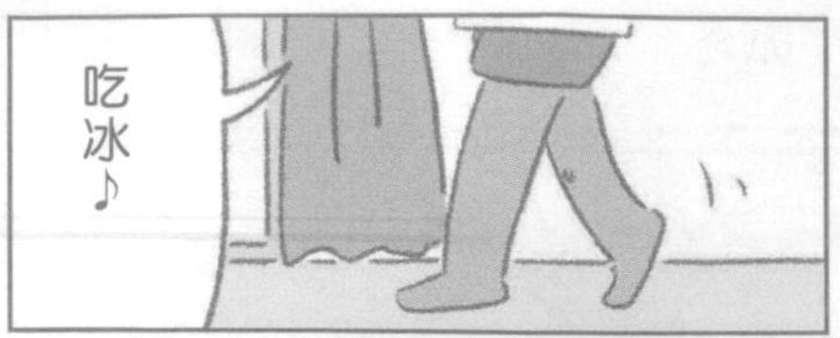
吃冰♪

嘿咻！

哦！
昨天的傷口結痂了，
很好很好！

每次看到
傷口結痂
都好想摳它喔。
結痂摸起來粗粗硬硬的，
到底是什麼？
是乾掉的血塊嗎？

這就是——
科學！
啊，我的
冰棒……

大家好！
啪！
漫才*？

*日本的一種喜劇表演形式，類似相聲。

我是紅血球。
我是血小板。

我們是血液二人組！
請多指教。
血液？

雖然我們是雙人搭檔，但血液的成分除了我們倆，其實還有白血球和血漿呢！
成分？血液不就只是紅色的液體嗎？

波可太兄，看來你不怎麼了解血液呢！
拜偷喔，你素開玩笑吧！
啪！
好痛！

血液裡面，可是有超多像我們這類的固體成分！
而且呀，正因為有我們聯手，才能讓傷口結痂呢！

啊，這樣啊。
為了讓你更了解血液，我們把鏡頭轉到看板！
砰！
超有主持節奏感的耶……

Q 什麼是結痂？

A 血液中的成分會堵住傷口止血，並在傷口表面結成硬塊。

血液的成分是什麼？

血液中主要有 4 種成分。

血漿

淡黃色的液體。血漿內含營養素等物質，約占全部血液的 55%。

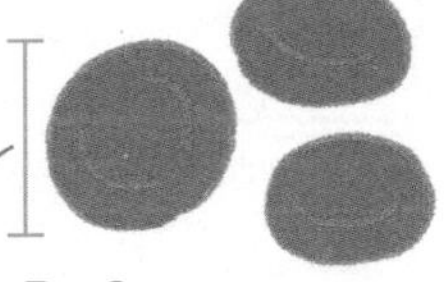

紅血球

負責搬運氧氣到全身。紅血球中的「血色素」是血液呈現紅色的原因。

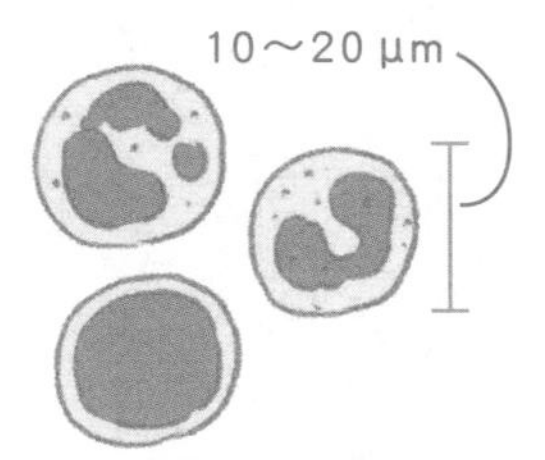

白血球

負責擊退入侵體內的細菌或病毒等外敵，白血球有許多種類。

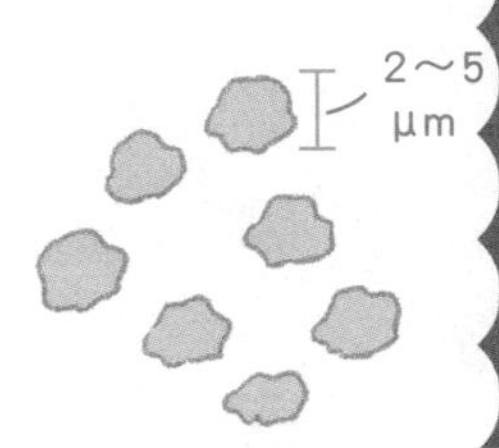

血小板

血管受傷時，血小板就會聚集，堵住傷口止血。

＊ μm寫作中文叫微米，是長度單位。1微米（μm）等於1000分之1毫米（mm）。

骨頭內部的「**骨髓**」具有造血功能。正常情況下，每秒可以製造出數百萬個血液細胞（不含血漿）。

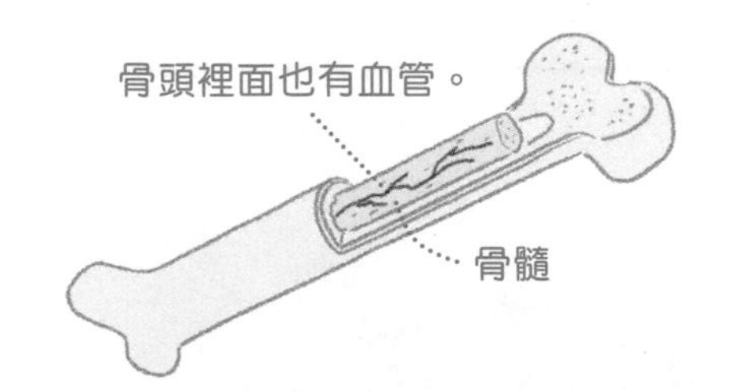

結痂都靠
我們倆！

傷口為什麼會結痂？

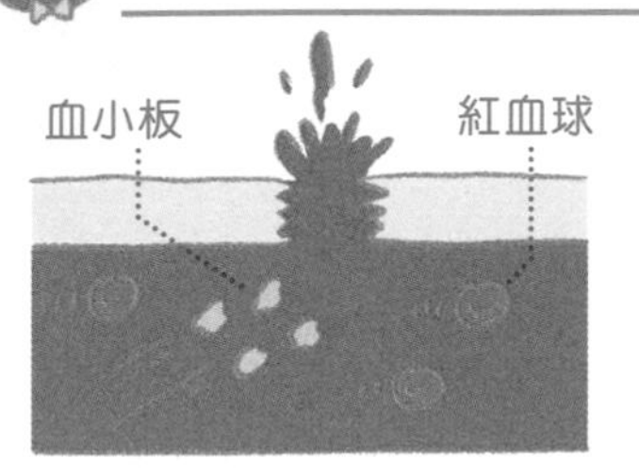

①血管一旦受傷，**血小板**就會聚集在傷口處。

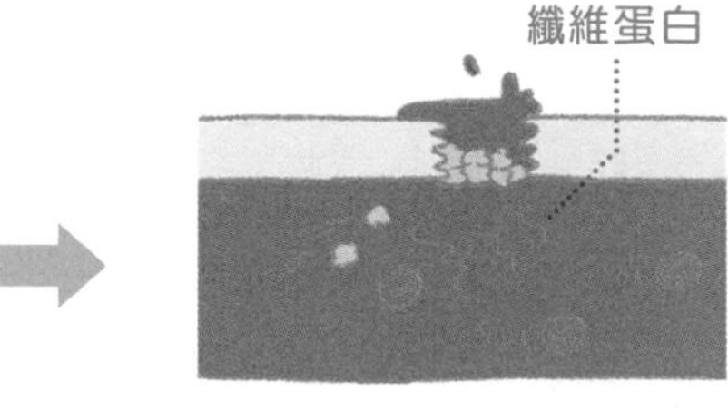

②血漿中的成分會分解出一種名為**「纖維蛋白」**的絲狀物質。

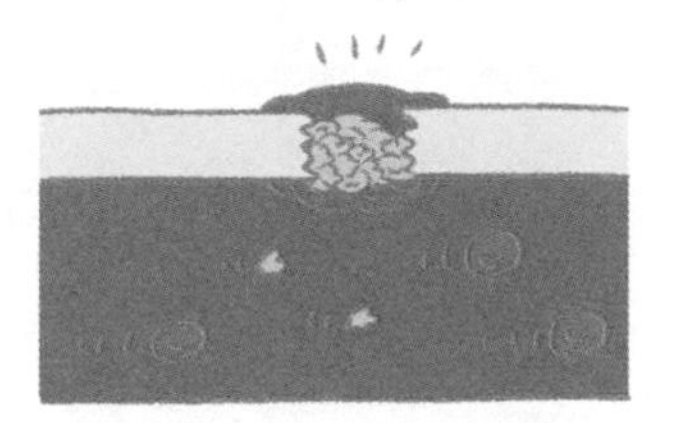

③纖維蛋白在傷口處結成絲網，**纏住血小板和紅血球**等，堵住傷口止血。

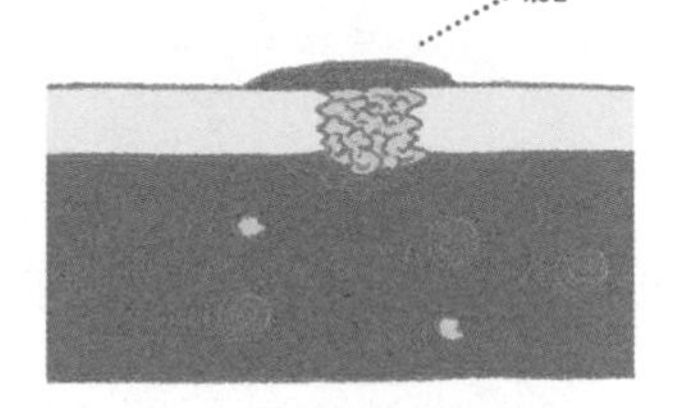

④傷口表面暴露在空氣中，乾燥後形成「痂」。

據說保持傷口潮溼不結痂的「溼潤療法」，可使傷口更快痊癒。

人工皮敷料

血管

讓傷口保持溼潤狀態

讓傷口結痂則是傳統乾燥療法。

結痂的地方會發癢是因為底下的傷口正在長出新皮膚。

怎樣？你覺得如何？
太近了 太近了
這下你總算了解血液了吧？
逼近 逼近

我知道是你們兩位幫我堵住傷口止血了啦。
正是如此！

那你們也差不多可以幫我按頭上的葉子了吧？
別急別急，再多聽一會兒嘛！

對了，我來說說我主要負責的工作吧。
喔？是什麼工作呢？
我就直說了！那就是**運送氧氣**！

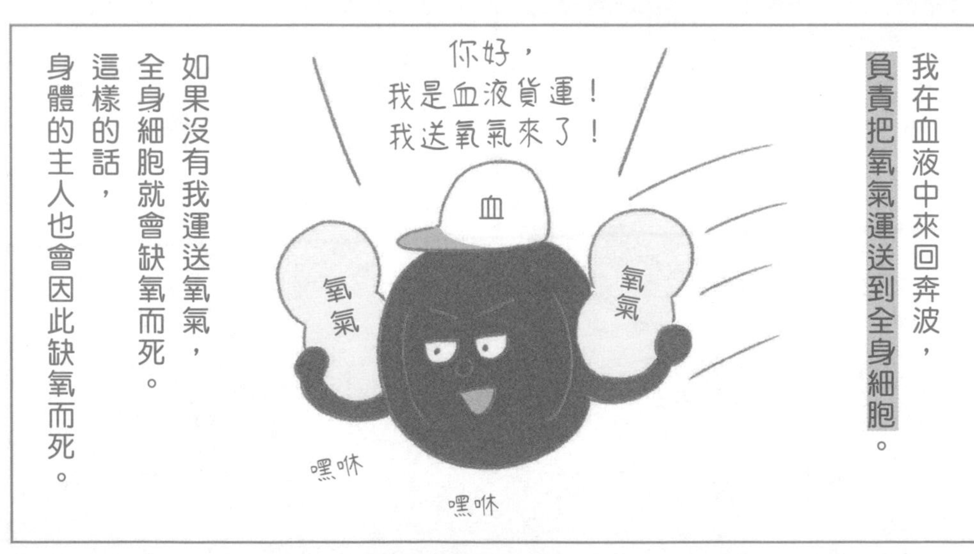
我在血液中來回奔波，**負責把氧氣運送到全身細胞**。
你好，我是血液貨運！我送氧氣來了！
血
氧氣
氧氣
嘿咻
嘿咻
如果沒有我運送氧氣，全身細胞就會缺氧而死。
這樣的話，身體的主人也會因此缺氧而死。

氧氣如何運送到全身細胞？

人類是藉由呼吸來獲得氧氣，而氧氣進入人體後，

大致上是透過這個過程輸送到全身細胞。

①吸入氧氣。

吸

②氧氣進入肺臟。

肺臟

肺臟

心臟

③構成肺臟的肺泡*表面有很多微血管，紅血球就是在這些微血管中接收氧氣。

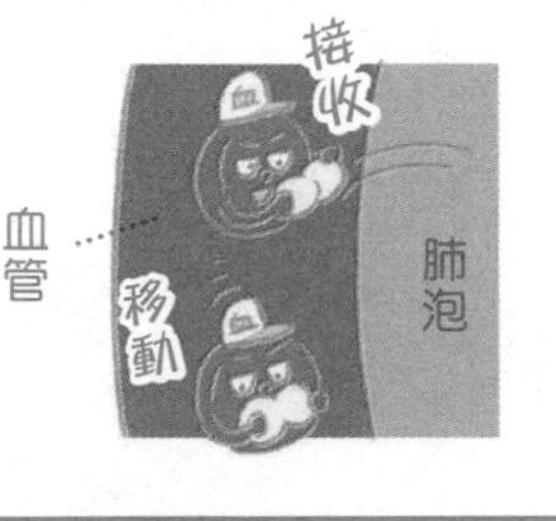

全身細胞

④藉由心臟收縮，飽含氧氣的血液被輸送到全身細胞。

請收下～

細胞

謝謝你

＊肺泡是直徑約0.2mm的小囊袋，事實上，肺泡不僅將氧氣送入血液，也從血液中接收二氧化碳，協助排出體外。

對了，我再介紹一個血液的重要功能好了。
喔？是什麼功能呢？
哎唷喂呀

那就是運送代謝廢物！

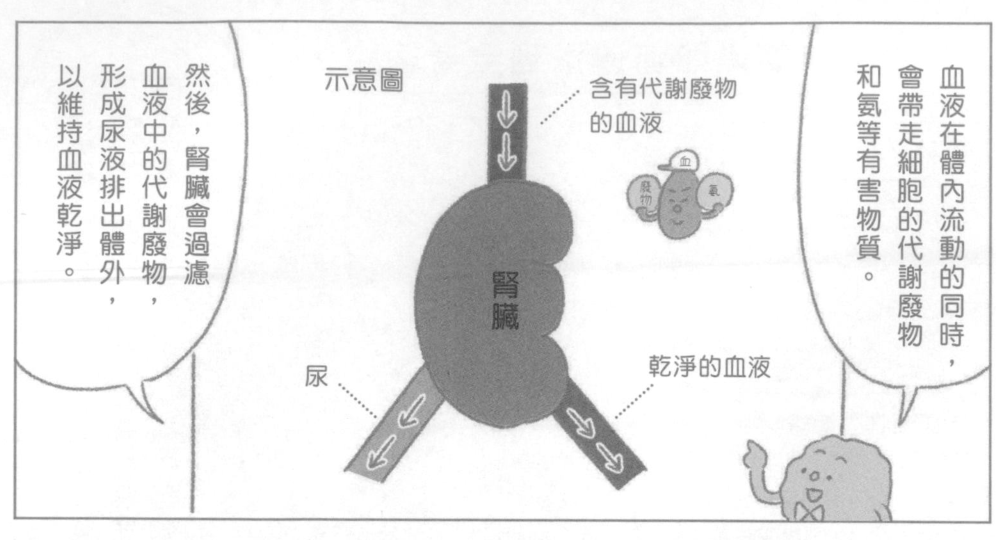
血液在體內流動的同時，會帶走細胞的代謝廢物和氨等有害物質。
示意圖
含有代謝廢物的血液
腎臟
乾淨的血液
尿
然後，腎臟會過濾血液中的代謝廢物，形成尿液排出體外，以維持血液乾淨。

沒錯。換句話說，尿是從血液變來的！
奇怪，波可太兄好安靜……
瞄

居然睡著了！
Z
Z
Z

給我醒來！
噗！

為了讓波可太兄更了解血液，我們倆很認真在講解耶！
我知道了，不要打人啦。很痛耶。
不要再增加我的傷口了。
在那之後，波可太好好上了一堂血液課，才終於回到家中。
啪！
掉落
啊！我的冰！

第5話 完

小知識

構成人體的各種器官

漫畫中介紹的「血液」屬於人體的「循環系統」，人體是由各種系統與其中的器官構成的喔。

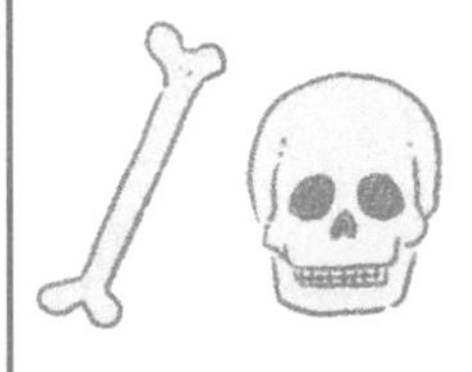

骨骼與肌肉

支撐人體的架構，保護柔軟的腦部和內臟等。

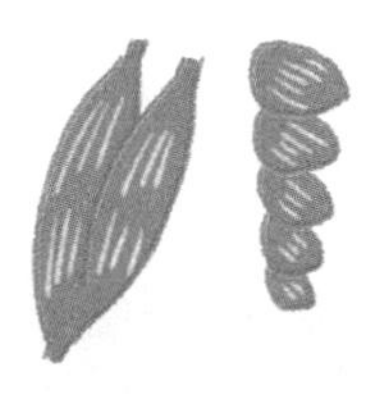

肌肉

人類能活動身體，全靠肌肉的收縮和伸展，有些肌肉則能維持內臟運作。

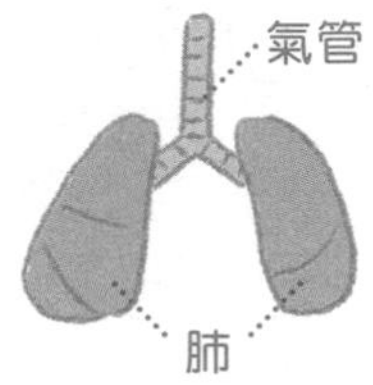

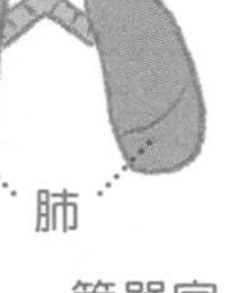

呼吸系統

負責將空氣中的氧氣吸入體內，再將不要的二氧化碳排出體外。

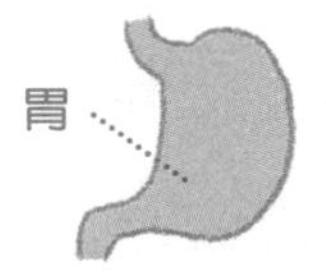

消化系統

負責消化或吸收食物中的營養素。

眼睛　耳朵

等器官

感覺系統

可以感知光或聲音等外界刺激。

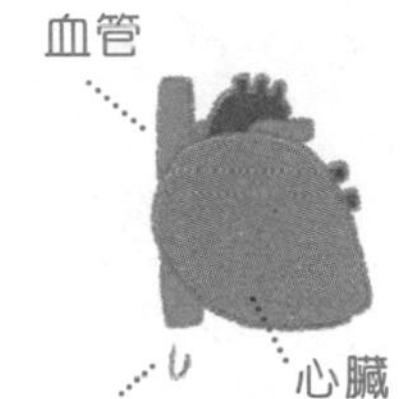

循環系統

負責讓血液在全身循環流動。

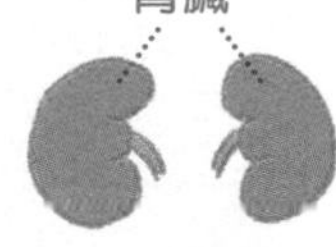

泌尿系統

過濾體內的代謝廢物，並形成尿液排出體外。

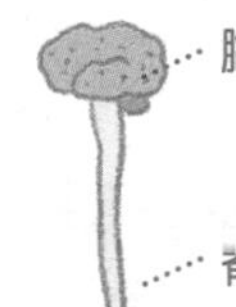

神經系統

負責掌握身體內外的狀況，並做出適當的判斷與反應。

7月
27日
去腳踏車店修理腳踏車。
啊，這個零件壞了，要調貨喔~
不會吧~
喀嚓

7月
28日
觀賞預錄好的電視節目。
哈哈哈哈，這個梗不管看幾次都好好笑。
TATSUYA

7月
29日
跟媽媽和妹妹一起去購物中心。
噗嚕嚕——
如果被朋友看到和家人一起逛街，感覺會有點丟臉。

不過實在太想吃這家蛋包飯，最後還是跟來了。
喧嘩
熱鬧
人聲
鼎沸
好讚！

第6話　腳踏車燈

7月
30日
啊！
糟糕！
彈起
忘記還片了，
今天最後一天。

我去還一下DVD！
現在嗎？
都這麼晚了。

你的腳踏車不是還沒修好？
啊
對吼。

不然你騎我的腳踏車去好了？
鑰匙就掛在牆上。
……嗯。

騎媽媽那輛腳踏車有點丟臉耶……算了，將就一下吧。
拿起

嗯……
鑰匙孔在這裡。
喀嚓
那車燈在……

是這個嗎？
喀噹
奇怪，燈沒亮？

波可太平常騎的腳踏車是裝電池的款式。車燈
發光——
車燈安裝在把手旁的橫桿上。
而媽媽的腳踏車，車燈則是「磨電燈*」，燈上有個轉輪，當它與輪胎側面摩擦並轉動時，腳踏車上的燈就會亮。
唰啦
磨電燈的轉輪需要接觸輪胎，才能作用。
發光——

＊還有一種腳踏車燈是利用裝在車輪中間的「發電花鼓」轉動發電。

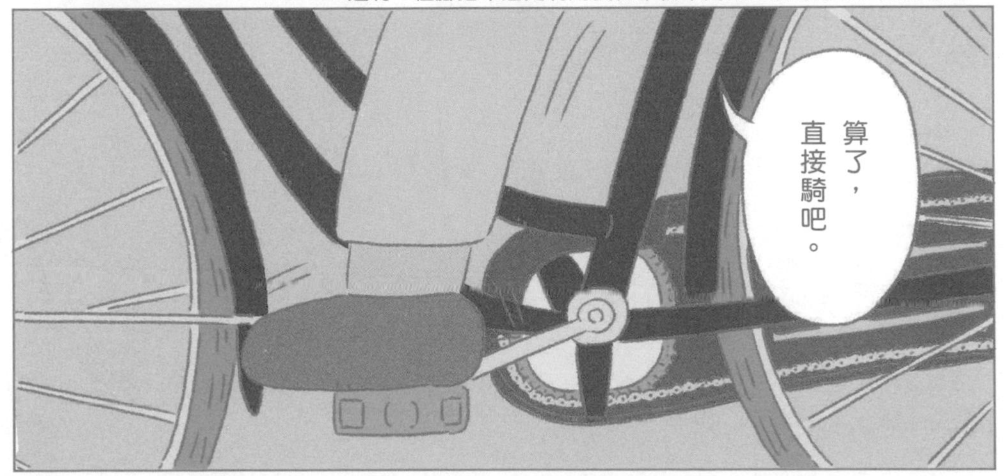

算了，直接騎吧。

啊，燈亮了。
發光——

這種燈只有在踩動腳踏車時才會亮嗎？
唰啦——

這就是——
啊，我一定要記住現在的姿勢。
科學！

啪！

這次是……物理時光屋呀。
我也越來越能進入狀況了。

……
啊，這次是你——負責解說嗎？
……

……我是發電式的車燈。當車輪轉動時，我就會發光。
車輪轉動就會發光又是什麼原理呢？
果然是負責這次解說的。

我會發光跟**能量轉換**有關。
能量轉換？

再說……「能量」指的又是什麼呢？

……

看這個板子。
嗶嗶嗶嗶
砰
他是不是很怕生？

Q 為什麼只要踩動腳踏車就能讓車燈發光？

A 這是因為腳踏車的**動能**轉換成**電能**，電能又再轉換成**光能**。

腳踏車燈發光的原理

當車輪轉動時，會帶動車燈內建發電機的轉軸旋轉，進而產生電力，使燈泡發光。

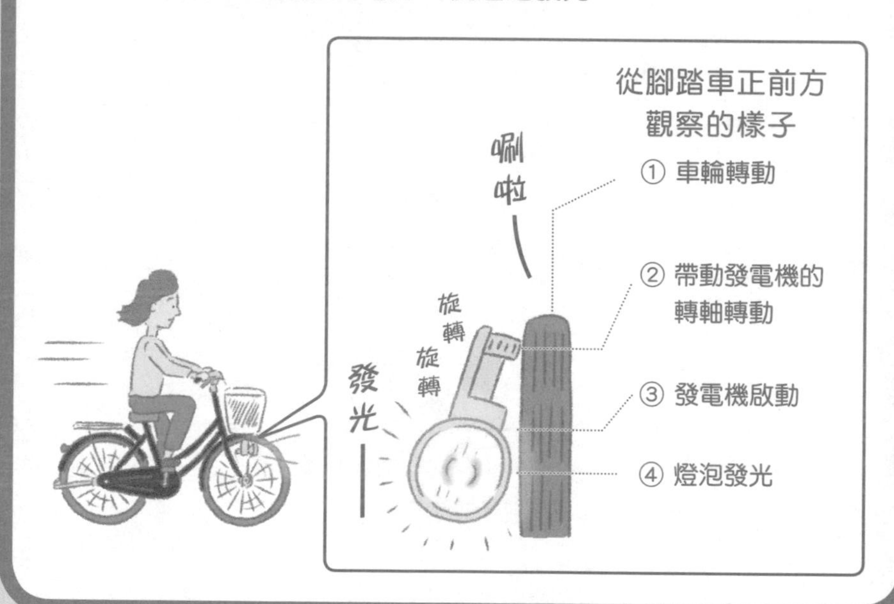

從腳踏車正前方觀察的樣子
唰啦
① 車輪轉動
② 帶動發電機的轉軸轉動
旋轉
旋轉
③ 發電機啟動
發光
④ 燈泡發光

能量是一種肉眼看不見，能使物體「**作功**」的物理量*。

從車輪轉動到燈泡發光，這一連串過程即為「**能量轉換**」。

*也可以把能量想成「能讓物體或一整個系統執行工作」的物理量。

各種不同形式的能量

電能

熱能

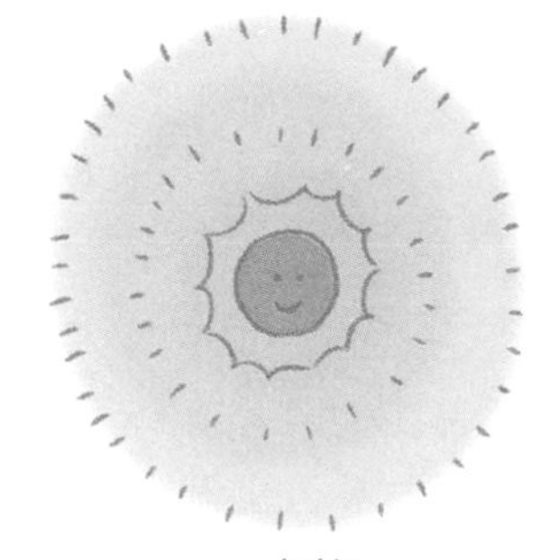

光能

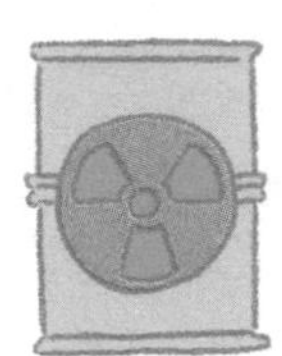

核能

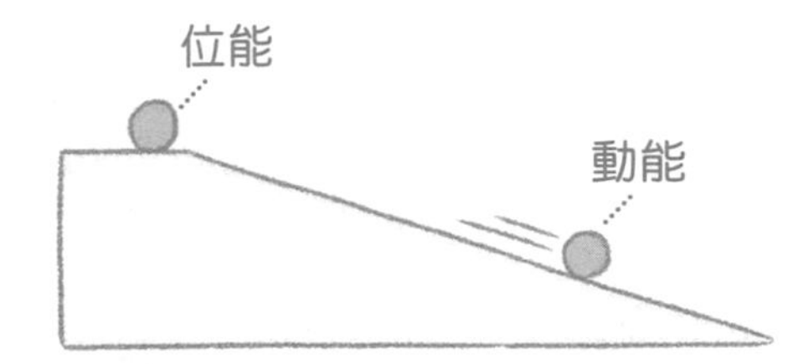

位能和動能合稱為「**力學能**」。

能量轉換的範例

太陽能發電

光能轉換成電能。

電車

電能轉換成動能。

用「能量轉換」的概念來解釋燈泡發光的原理

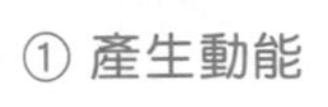

① 產生動能

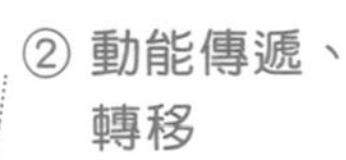

② 動能傳遞、轉移

③ 動能轉換為電能

④ 電能轉換為光能

原來如此。
……

……
……

呃，那個……原來能量有這麼多種啊。
嗯，其他還有**化學能**、**磁能**等。

安——靜——
……

莫非他是個句點王？但不搞懂的話，又回不去現實世界。
嗯，那個……能量轉換還有其他例子嗎？

有喔。
能量轉換有很多種形式。
其實我們的生活中到處都是能量轉換的例子。
嗶嗶嗶嗶
砰

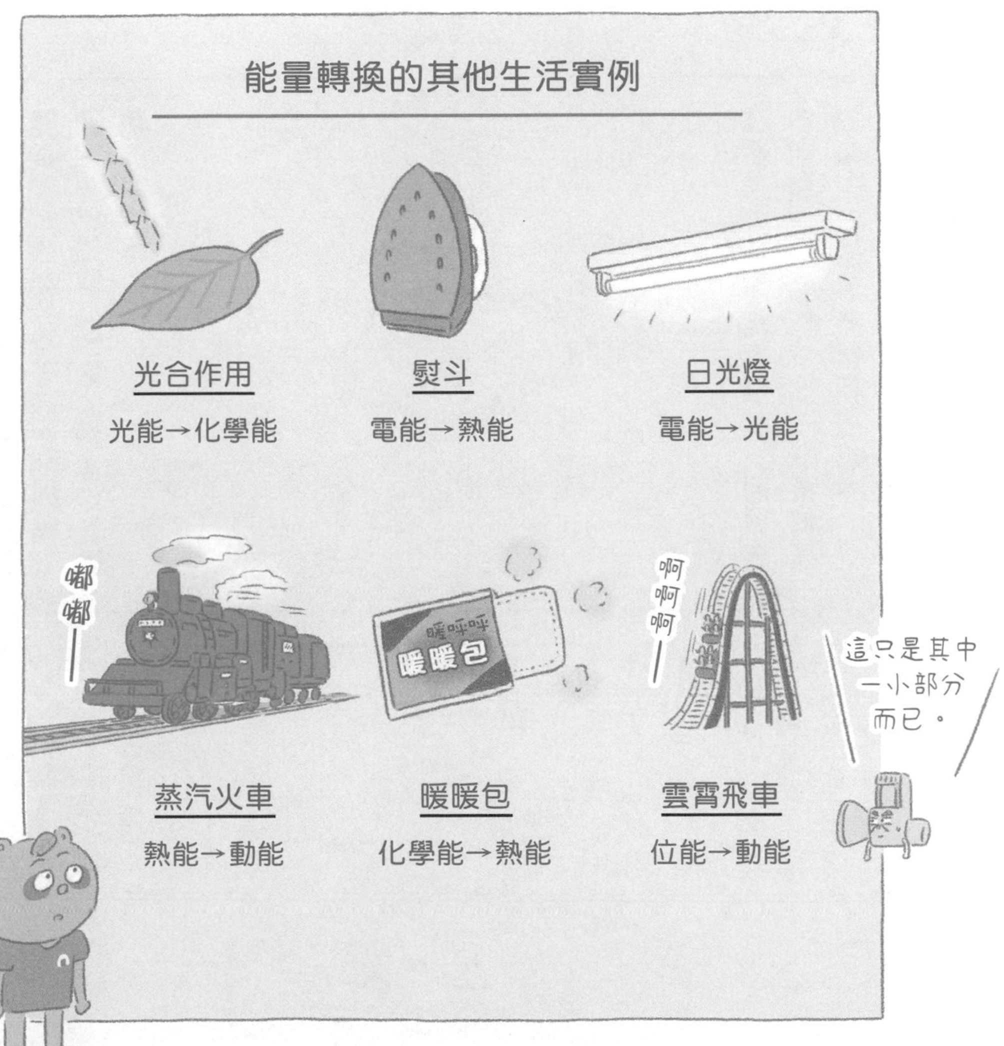
能量轉換的其他生活實例
光合作用
光能→化學能
熨斗
電能→熱能
日光燈
電能→光能
嘟嘟—
暖呼呼
暖暖包
啊啊啊—
蒸汽火車
熱能→動能
暖暖包
化學能→熱能
雲霄飛車
位能→動能
這只是其中一小部分而已。
這樣啊！

嗯，雖然我前面介紹了這麼多能量轉換的例子，
但我要先聲明，能量無法百分之百轉換。
咦？為什麼？

舉例來說，我從**動能轉換成電能的過程中，必然伴隨著熱能的散逸**。總之，就是我在發電的過程中會變熱的意思。

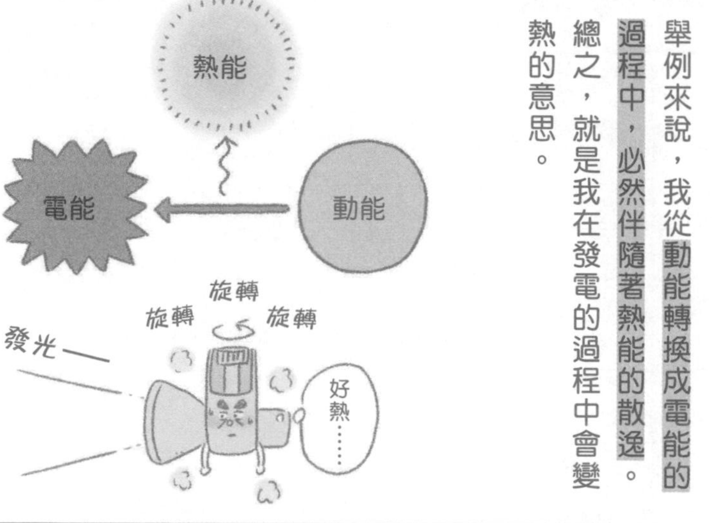

這個現象稱為**能量損耗**，而這個損耗程度的多寡又跟**「能量轉換效率」**有關。能量耗損越少，就表示轉換效率越好。

而且，如何提高能量轉換效率，一直是各個領域的研究重點。
呃——嗯
今天的內容有點難耶。雖然大概懂他說的意思。

……

嘿！
按下
啊！咦！
可以了嗎？

啪！
回來了。
嗚哇，好驚險。

看來是個有點害羞的車燈呢。
越來越習慣空間跳躍的波可太這次穩住了身形。
唰啦——

第6話 完

7月
31日
心想不運動也不行，結果跑沒多久就累了，果斷放棄。
是說，這種大熱天也不適合運動啦。

8月
1日
在家耍廢一整天。
搞笑群組（3）
阿正
後天下午5點在公園集合OK嗎？
小健
收到～
OK～
啵！
好期待呀～到時候要吃哪一攤呢！

8月
2日
去拿修好的腳踏車。
來～修好囉。
太感謝了！

唰啦——
哦～變得好好騎！

第7話　煙火

8月
3日
這天當地舉辦了大型夏日祭典。
人聲
鼎沸
鬧哄哄
鬧哄哄
喧鬧
嘈雜
街上擠滿了逛攤位和等待看煙火的人潮，非常熱鬧。

攤位也太多了吧！可惡，我居然猜拳猜輸了。
先來占位的二人
波可太很慢耶～
還要走一段路才會到……
嗡嗡嗡嗡

嗯？
拿出
阿正
你在哪裡？
煙火要開始了
什麼！已經這麼晚了！

我、正、要、回……
打字
打字
閃亮

砰砰——
哎呀，煙火都開始了。

砰砰——
鬧哄哄
不好意思！
借我過一下。
鬧哄哄

那不是
班上的……
山本同學嗎？
薯條
大阪
どうぞー

撲通！
？

看呆——

大阪
絹田同學？
那是誰？

大阪
是我的同班同學喔。

臉紅 心跳
啊，我該走了。

心神不定
對了，我是來看煙火的。
嘿嘿
閃亮

砰砰——
嗯嗯！會先看到亮光，然後才聽到煙火的爆炸聲……

這就是——
咦？
科學！
綻放
綻放
燦爛
燦爛
……雖然不知道為什麼會有這種現象。
嘿嘿……
心神不定
臉紅
心跳

嗨喲～歡迎歡迎唷～

啊！糟了，剛才……山本同學跟我揮手了吧，她會不會以為我故意不理她？

我、我得趕快回去！
別緊張，你在這裡時，外面的時間是停止的唷～
啊，對吼。

事不宜遲，我們還是馬上進入正題吧！
砰

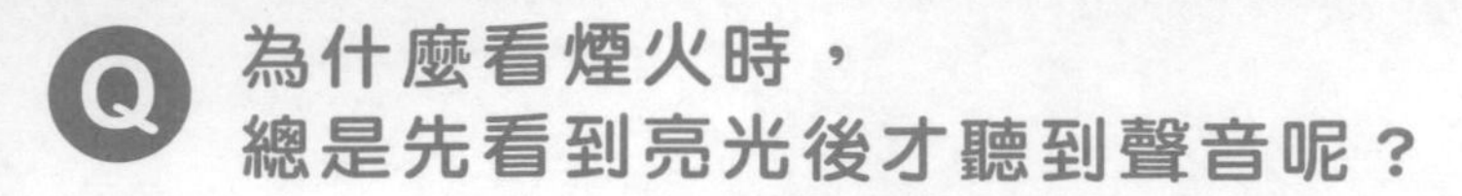

Q 為什麼看煙火時，
總是先看到亮光後才聽到聲音呢？

A 因為聲音的速度比光速慢100萬倍。

聲音和光有什麼不同？

光和聲音可不一樣唷～

聲音：振動產生的聲波透過空氣等介質傳遞出去，速度約為每秒 340 公尺。
經由空氣振動傳遞
光：可以在沒有空氣的真空中傳播。速度約為每秒 30 萬公里。
光是全宇宙速度最快的東西唷～
光在宇宙中也能傳播

煙火兼具聲光效果，因此可明顯感受到兩者速度的差異！

煙火聲音比光慢出現的原因

煙火在空中綻放後，即使相隔數公里遠，亮光都能在一瞬間進入人的眼中。而聲音則透過空氣的振動來傳播，速度較慢，因此會晚一點傳入人的耳中。

例如：觀看3公里外的煙火

①光約在煙火爆炸0.00001秒後到達。

②聲音約在煙火爆炸9秒後到達。

音速(聲音的速度)會因介質而改變

在不同的介質中，聲音的傳播速度也不同，從快到慢依序是固體 > 液體 > 氣體。（傳遞煙火聲音的介質是空氣）

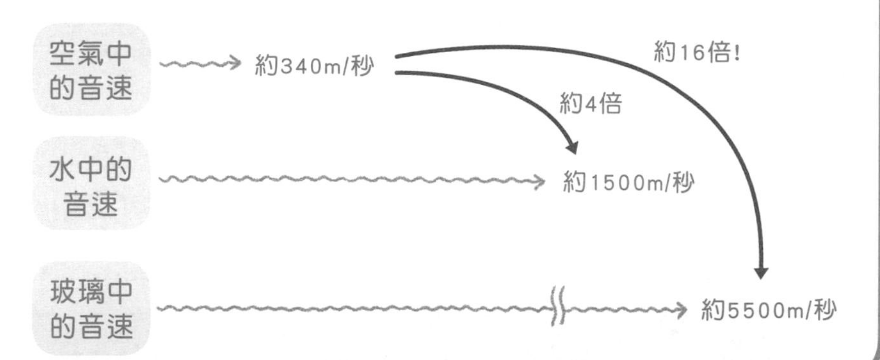

音速與馬赫

「馬赫」是表示飛機、火箭等飛行器速度的單位。馬赫代表空氣中音速的倍數。1 馬赫為每秒 340 公尺，2 馬赫為每秒 680 公尺，以此類推。

F-15 戰鬥機速度最快可達 2.5 馬赫！也就是每秒約 850 公尺，每小時約 3000 公里。

反過來說，我們也可以推算出煙火施放地點的距離有多遠。

3秒後才聽見爆炸聲呀……那大約1公里*遠吧。

砰砰—

也能用來推算雷擊距離唷~

聲音在真空中無法傳播。

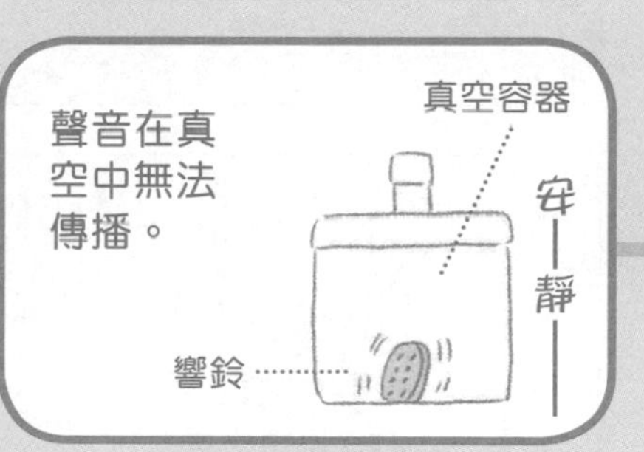

只要測量煙火發光到聽見爆炸聲的時間，就能推算出距離！

*340m/秒×3秒=1020m→約1km

嗯嗯。原來如此，原來如此。
嗯嗯。我懂我懂。

OK——我懂了！那我能回去了吧？
不行～一步一步來唷，再多了解一下「聲音」吧！
耶？啊，好吧。

波可太先生應該也聽過救護車的鳴笛聲吧？
有沒有覺得救護車從你旁邊經過之後，聲音聽起來不一樣呢？

哦！我知道你說的那個。
車子經過時聲音好像會變低。

那個現象稱為「都卜勒效應」，
和聲音的特性有關唷～

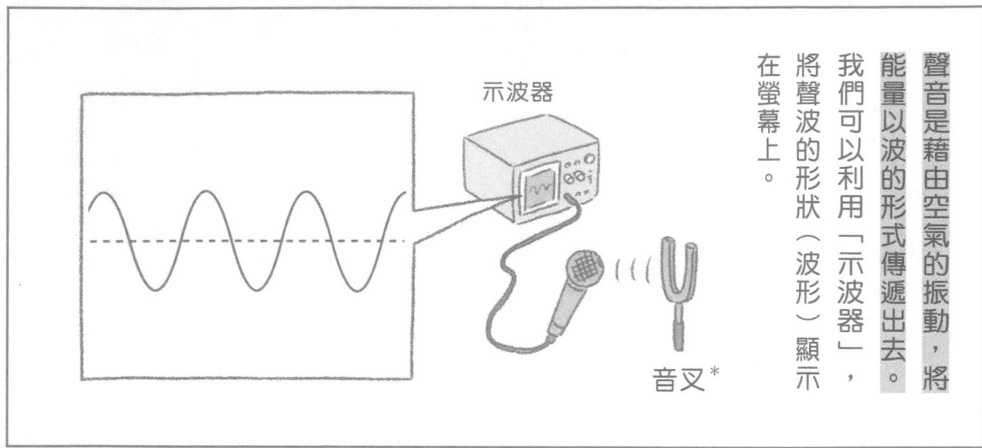

聲音是藉由空氣的振動，將能量以波的形式傳遞出去。
我們可以利用「示波器」，將聲波的形狀（波形）顯示在螢幕上。
示波器
音叉*

＊音叉發出的聲音具有固定的音高。通常用在聲音實驗或樂器調音。

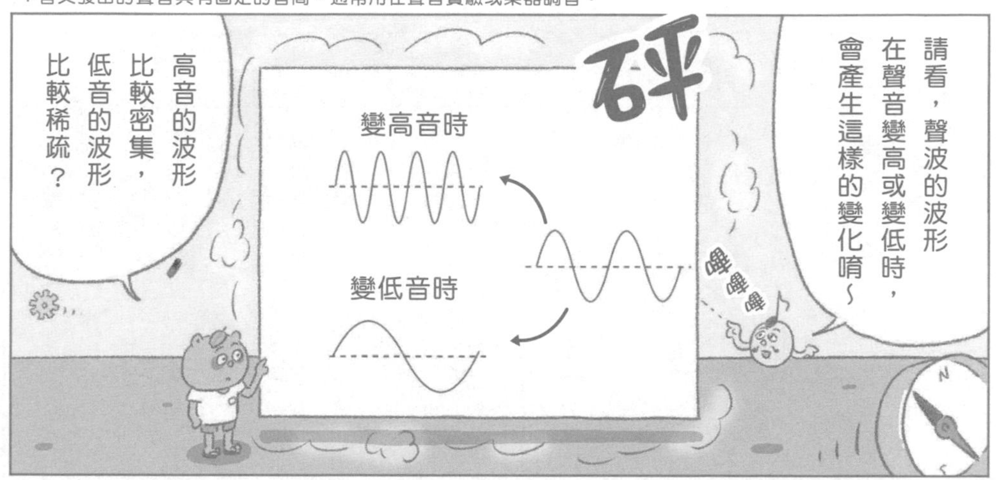

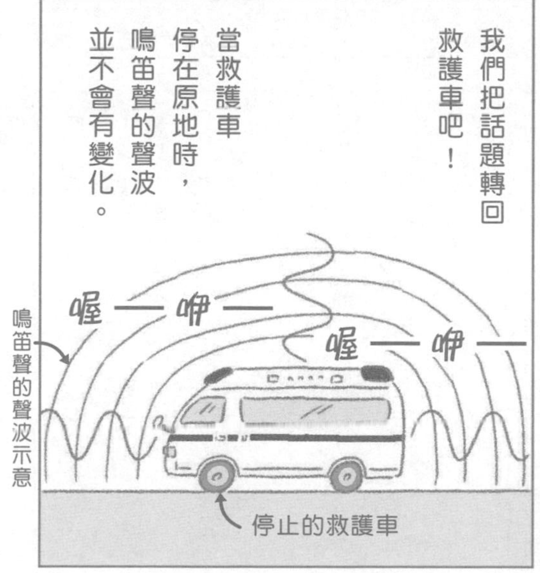

請看，聲波的波形在聲音變高或變低時，會產生這樣的變化唷～

高音的波形比較密集，低音的波形比較稀疏？

正是如此唷～如果用專業術語來形容的話，
會說高音的「波長較短」、「振動頻率較高」等等唷～

我們把話題轉回救護車吧！
當救護車停在原地時，鳴笛聲的聲波並不會有變化。

停止的救護車

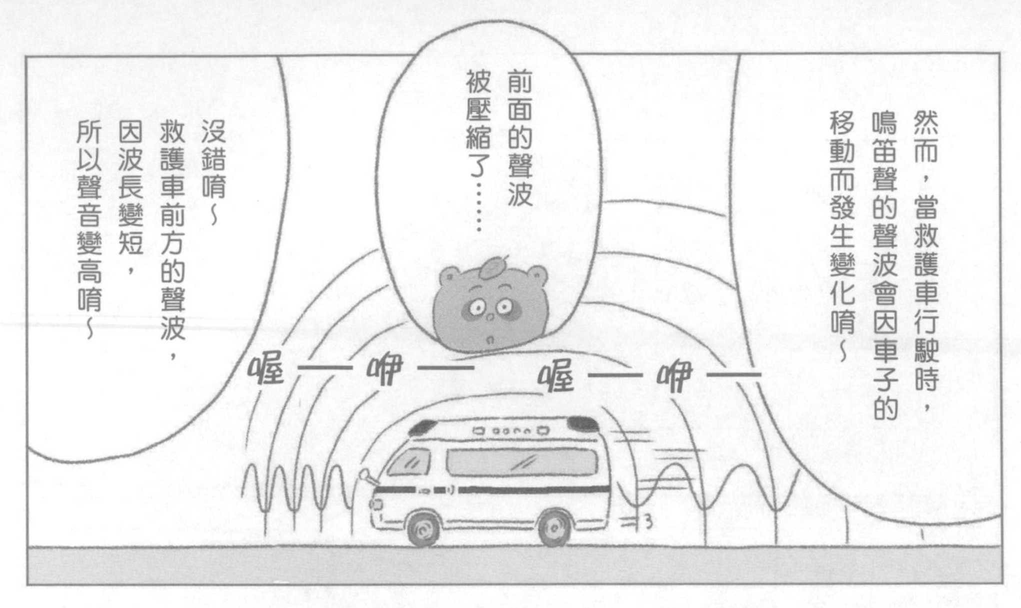
然而，當救護車行駛時，
鳴笛聲的聲波會因車子的
移動而發生變化唷～
前面的聲波
被壓縮了……
沒錯唷～
救護車前方的聲波，
因波長變短，
所以聲音變高唷～
喔——咿——
喔——咿——

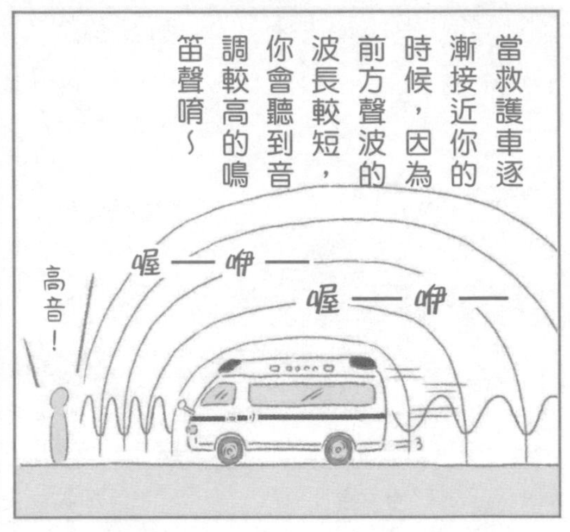
當救護車逐漸接近你的時候，因為前方聲波的波長較短，你會聽到音調較高的鳴笛聲唷～
喔——咿——
喔——咿——
高音！

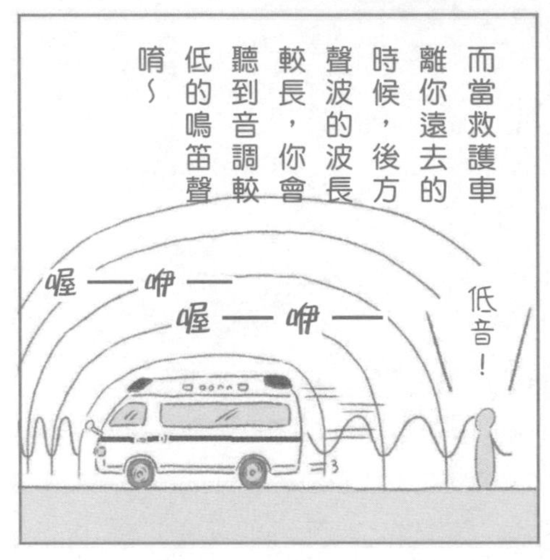
而當救護車離你遠去的時候，後方聲波的波長較長，你會聽到音調較低的鳴笛聲唷～
喔——咿——
喔——咿——
低音！

原來是
因為這樣，
聲音才會聽起來
不一樣呀！
你能明白就
太好了唷～

順帶一提，
搭火車經過平交道時，
聽到的噹噹警鈴聲也有這種
「都卜勒效應」唷～
原來如此，
下次搭火車時
我會仔細聽聽看。

好唷～
那就再會了唷～
按下
啊！

回去、回去之後……
要怎麼辦？
要怎麼辦啦？

啪！

大阪
是喔～

……
嘿嘿

Bye ──
Bye ──

砰砰——
砰砰——
我們快回去媽媽那裡吧~
嗯，走吧。

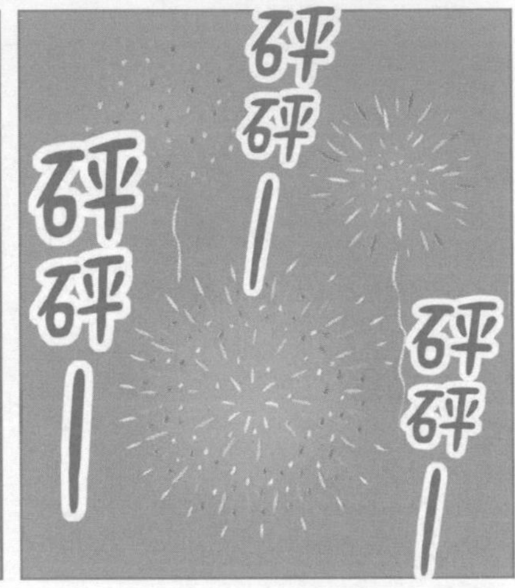
砰砰——
砰砰——
砰砰——

砰砰——
砰砰——
哦，你回來了！
我等不及要吃啦！

砰砰——
砰砰——
嗯？波可太，發生什麼事了？看你樂成這樣。
砰砰——
沒啦，什麼事都沒有！
波可太即將陷入愛河？
第7話 完

小知識	日常生活中「聲音（超音波）的應用」	「超越人耳可聽到頻率的高音*」稱為超音波或超聲波，廣泛應用於多種領域。

*超音波指頻率高於2萬赫茲的聲波。

嗡

煞車!!

超音波清洗機

超音波的震盪使水中產生無數小氣泡，氣泡撞擊在眼鏡或珠寶表面後破裂、產生震波，這個過程可以清除汙垢。

車用超音波距離感測器

感測器先發射超音波，再測量聲波遇障礙物後反彈回來的時間，就能得知前方障礙物的距離並協助安全駕駛。

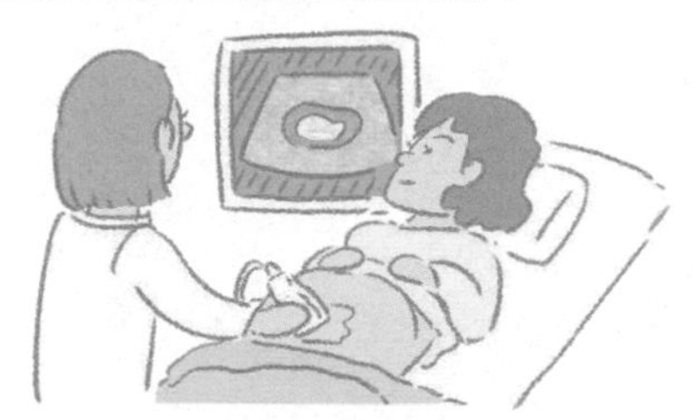

海底聲納

在海中發射超音波，藉由反射回來的聲波，偵測魚群位置或海底地形。

超音波醫療檢查

利用超音波照射人體組織，藉由聲波的反射狀況，檢查體內的情形。

好吃
拉麵
好吃
拉麵

泡麵封口

利用超音波產生的瞬間高溫熔化杯口，使杯蓋與杯口黏合。

海豚和蝙蝠也會利用超音波來定位或捕捉獵物唷～

第8話　月亮

8月
4日
醬油……
是這個吧？
去幫我買
美乃滋和醬油
回來。

然後
還有……
哥哥，還要
買這個！

喂——
巧克力？
嘿嘿
喜孜孜

你硬要跟來
就是為了
巧克力啊？
耶！

哥～
把剛才的
巧克力給我。
喂！不要
先拿啦……

撲通！

好險！
有一瞬間
還以為是
山本同學。

撲通
撲通
撲通
撲通

我幹嘛
心跳加速啊？
不過就是在
祭典上碰巧
遇到罷了！

哥，
你看！
什、什麼？
那是月亮嗎？
咦？
太陽都還沒
下山呢？
不過，
怎麼看都是
月亮啊。

月亮在白天也會出現嗎？
呃……
呃？哥你都國中了，連這個也不知道嗎？
要你管。

對吼，為什麼月亮會在這個時間出現呢？
這就是——
科學！
喔！來了～

啪！
你好，我是月亮。
不過是一百萬分之一的縮小版就是了。

我就直接問了，剛才看到的是月亮嗎？
還真是單刀直入呢！

你說的沒錯。如你剛才所見，在白天也能看到月亮。
不過，在說明原因之前，我想先問你一個問題。

首先，你知道月亮的形狀每天都在改變嗎？
唔，你是指滿月或弦月之類的嗎？

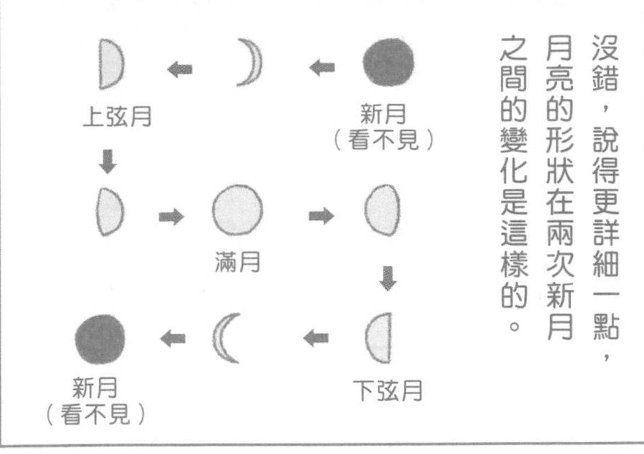
沒錯，說得更詳細一點，月亮的形狀在兩次新月之間的變化是這樣的。
新月（看不見）
上弦月
滿月
下弦月
新月（看不見）

而這個變化就稱為「月相的盈虧」。

那你知道為什麼月相會有盈虧變化嗎？
我不知道！
你回答得還真乾脆呀。

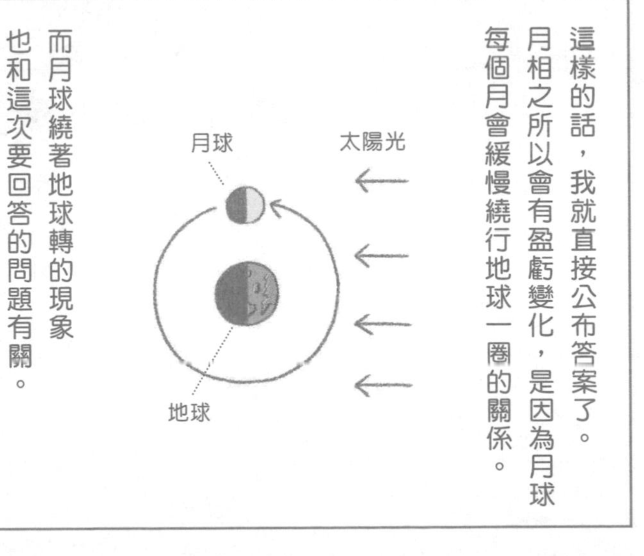
這樣的話，我就直接公布答案了。月相之所以會有盈虧變化，是因為月球每個月會緩慢繞行地球一圈的關係。
太陽光
月球
地球
而月球繞著地球轉的現象也和這次要回答的問題有關。

所以，該它出場了。
嗶嗶嗶嗶
砰！

Q 為什麼白天也能看到月亮？

A 因為月球、地球、太陽之相對位置的變化，使得每天的**月出時間**會逐漸往後延。

月球與地球的基本介紹

我們之所以可以看見月亮，是因為月球會反射太陽光到地球。此外，月球繞地球公轉一圈的時間約一個月；地球自轉一圈的時間約一天。

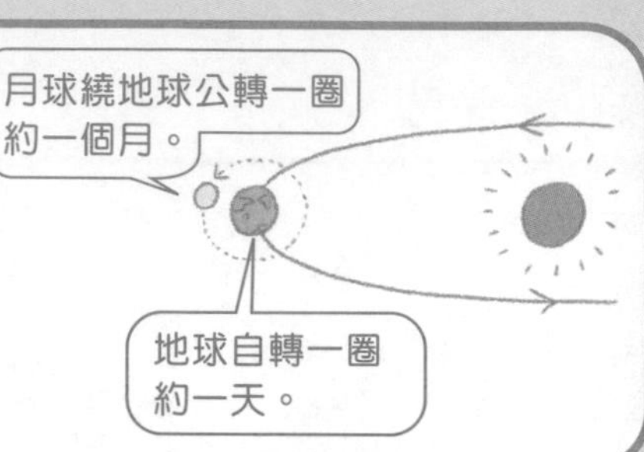
月球繞地球公轉一圈約一個月。
地球自轉一圈約一天。

月地相對位置與月相盈虧

如果從北極上方觀察，月球是以逆時針方向繞著地球公轉。假設**新月**是第 1 天的話，月球會在約第 14 天運行到地球的另一側，形成**滿月**。

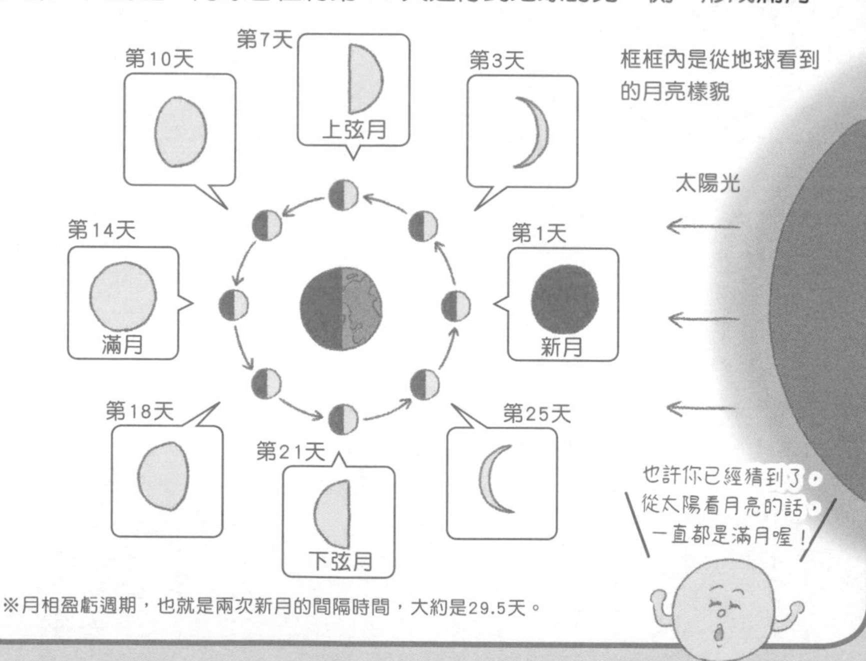
第7天
上弦月
第10天
第3天
框框內是從地球看到的月亮樣貌
太陽光
第14天
滿月
第1天
新月
第18天
第21天
下弦月
第25天
也許你已經猜到了。
從太陽看月亮的話，
一直都是滿月喔！

※月相盈虧週期，也就是兩次新月的間隔時間，大約是29.5天。

月球的位置與月出時間的關係

當月球的位置與地球上的觀察者的角度，由大角度處移動到呈 90 度角時，即為月出的時間。

例如：
滿月時

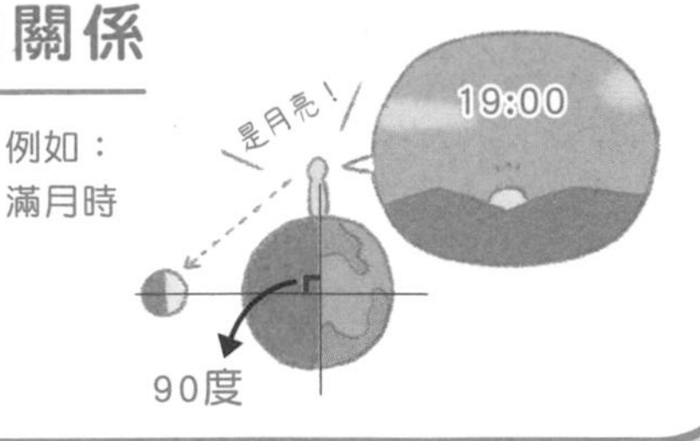

月出時間的變化

（以某年波可太所在城市為例）

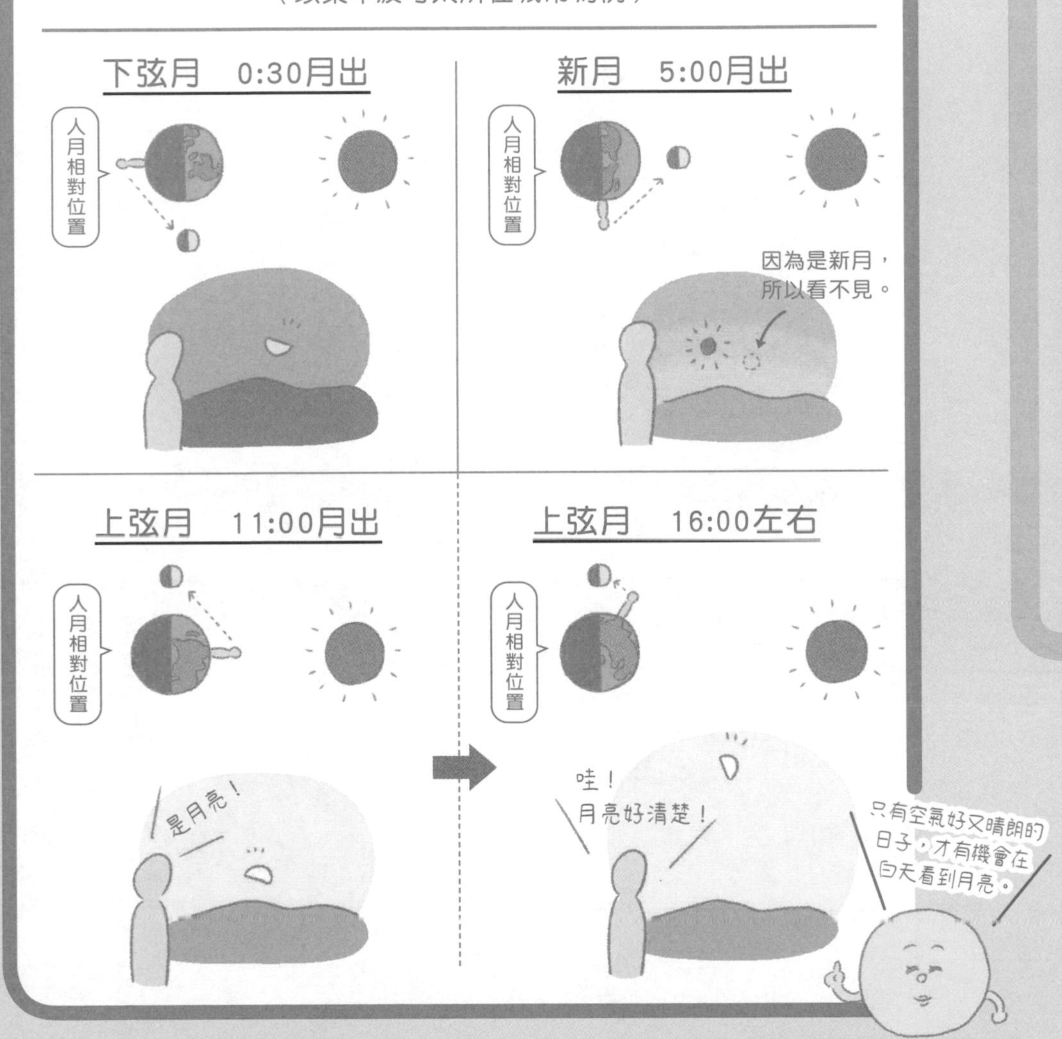

每天的月出時間
都會比前一天晚一點，
所以月亮有時候才會
在白天出現呀。
正是如此！

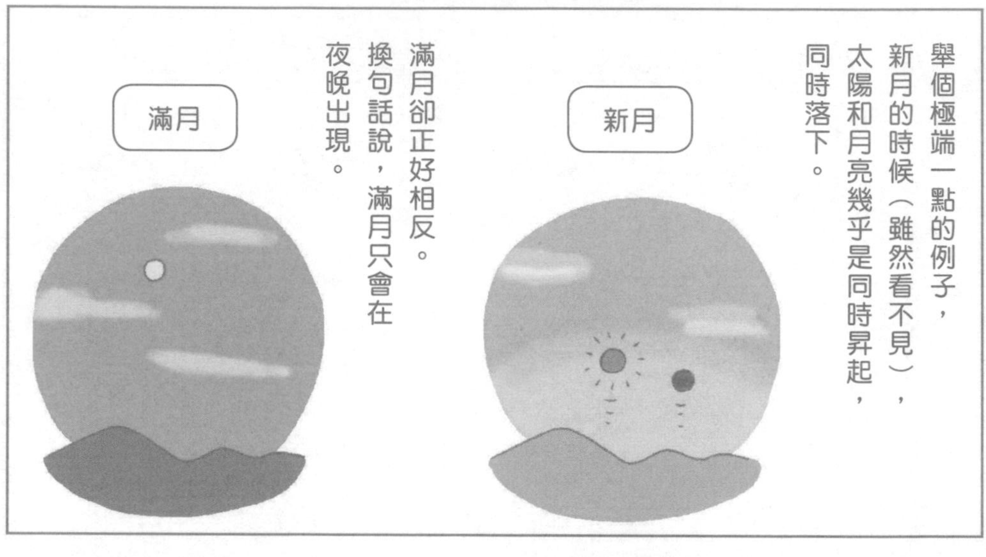
舉個極端一點的例子，
新月的時候（雖然看不見），
太陽和月亮幾乎是同時昇起，
同時落下。
滿月卻正好相反。
換句話說，滿月只會在
夜晚出現。
新月
滿月

總之，
你記得月出的時間
會隨著月亮的形狀
而改變就對了。
原來如此！

不過話說回來，
「月出」這個
說法還是第一次
聽到呢！
日出倒是
耳熟能詳。

哎，怎麼會呢～太陽昇起的瞬間稱為「日出」，那月亮昇起的瞬間當然就叫「月出」囉！一樣的道理嘛。
話是這麼說沒錯啦～

不過，日出和月出有個地方不太一樣就是了。
什麼地方？

兩者對於哪個時間點算「出」的定義是不同的。當太陽的上端邊緣出現在地平線的那一瞬間，即為「日出」。
是日出！
光芒四射——
↑地平線

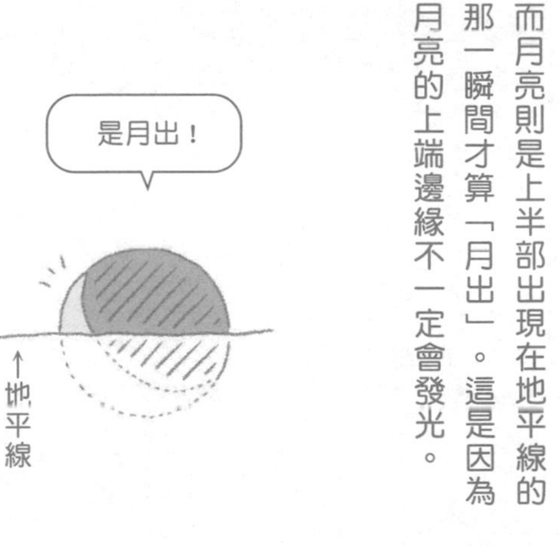
而月亮則是上半部出現在地平線的那一瞬間才算「月出」。這是因為月亮的上端邊緣不一定會發光。
是月出！
↑地平線

原來還有這樣的規定啊！
如何？你的疑問得到解答了嗎？

嗯！我完全搞懂了！
那太好了，再見囉！
按下

啪！
？

哥，剛才有一瞬間，好像在你額頭上看到葉子……
咦！其他人也看得到葉子？來看看她怎麼反應。

皮可美，你冷靜一點聽我說。
其實，我有超能力。
……

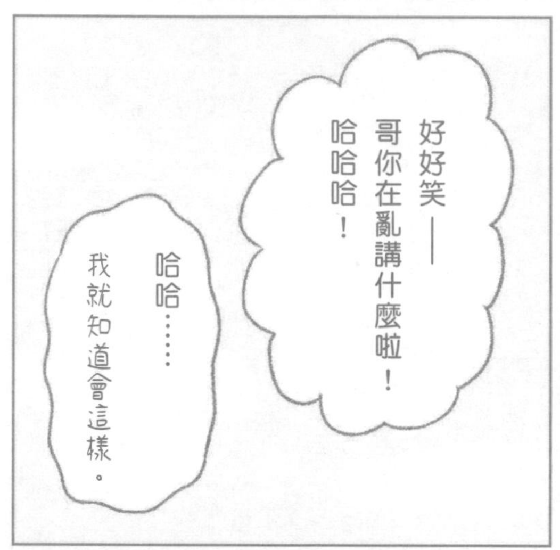
好好笑——哥你在亂講什麼啦！哈哈哈！
哈哈……
我就知道會這樣。

啊，對了，剛才月亮的話題還沒說完。
月亮有時候也會在白天出現喔！
不過，滿月的話，就只會在夜晚出現。
原來是這樣啊。
不愧是國中生。
我應該……沒說錯吧？
波可太總算保住了哥哥的威嚴。

第8話 完

小知識	月球小檔案	月球的大小、質量，以及月球和地球的關係等月球檔案大公開。

基本資料

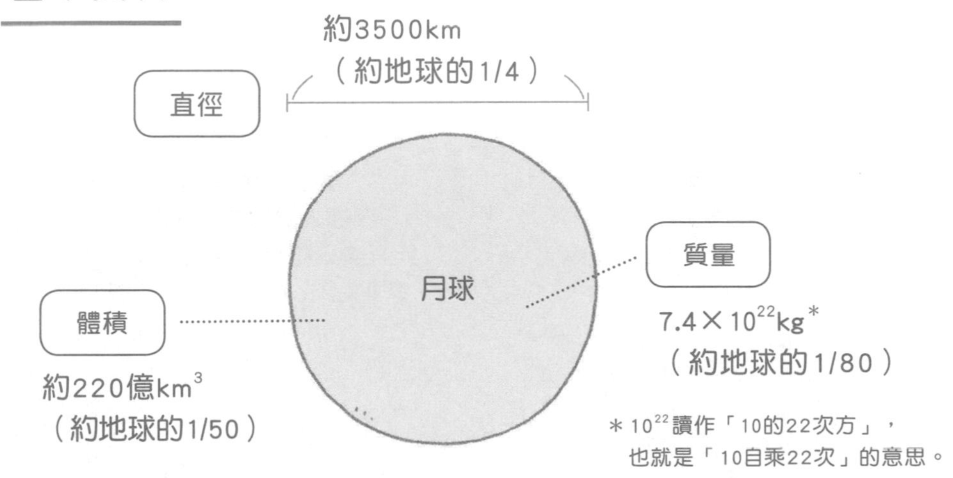

＊ 10^{22}讀作「10的22次方」，也就是「10自乘22次」的意思。

月球與地球的距離

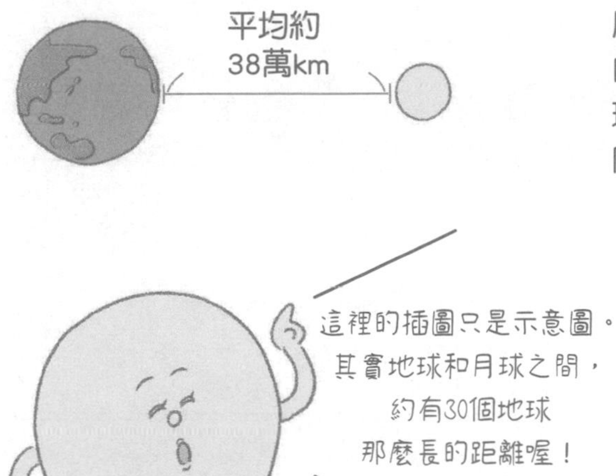

平均約
38萬km
這裡的插圖只是示意圖。
其實地球和月球之間，
約有30個地球
那麼長的距離喔！

月球公轉與自轉

月球繞地球公轉一圈的同時，自己也剛好自轉一圈，因此地球上的人永遠只能看見月球的同一面。

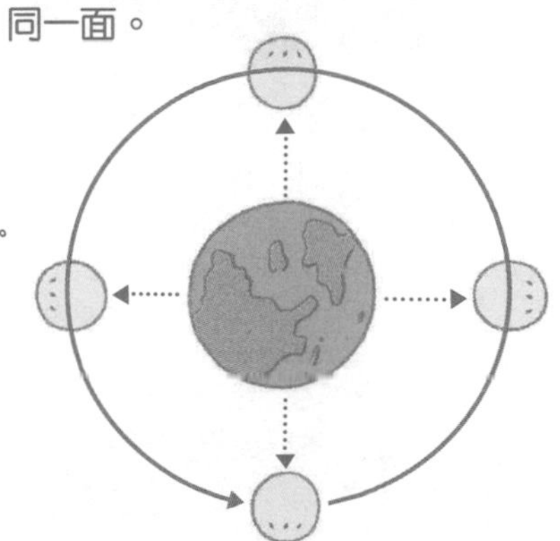

第4～8話登場的解說角色們

彩虹醬

彩虹精靈。
喜歡閃閃發亮的東西。
第 4 話 · 物理時光屋登場。

磨電燈君

因為不愛說話，
總被人誤以為在生氣，
但其實只是緊張到說不出話。
第 6 話 · 物理時光屋登場。

血液二人組

左邊是血小板，右邊是紅血球。
說著關西腔的雙人組合。
第 5 話 · 生物時光屋登場。

音符先生

聲音精靈般的存在。
說話時習慣豎起雙手食指。
第 7 話 · 物理時光屋登場。

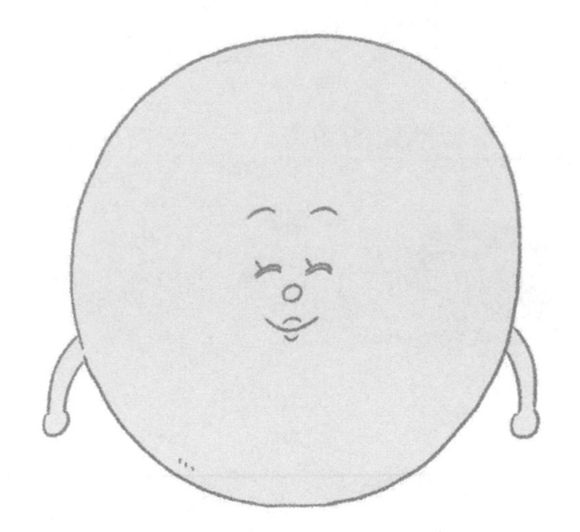

月亮小姐

個性溫和總是笑臉迎人的大姊姊。
討厭被人看到自己的背面。
第 8 話 · 地球科學時光屋登場。

從泳池到大海！波可太的歡樂夏天

8月
5日
到市立游泳池
游個痛快。
雖然我討厭運動，
但游泳超好玩！
嘩啦
嘩啦
嘩啦
嘩啦

8月
6日
成功完成繪畫作業。
哦～
感覺畫得
很不錯喔！

8月7日
和阿正、小健去看搞笑團體的現場演出。
給我等等，你幹嘛一邊騎馬一邊捏飯糰啊！
哈哈哈
哈哈哈
啊，你不喜歡鮪魚美乃滋口味？
哈哈哈
不是餡料的問題好嗎！

買了周邊商品，滿載而歸的波可太。

第9話　離子補給運動飲料

這味道跟
常喝的運動飲料
有點像又不太像。
走動
走動
反正也滿好喝
的啦～

難道瓶身上
寫的離子就是
美味的祕方？
坐下

不過，
離子到底是……
什麼啊？
離子補
運動飲

這就是——
科學！
啊？這也算
科學問題？

啪！

咚！
好痛！

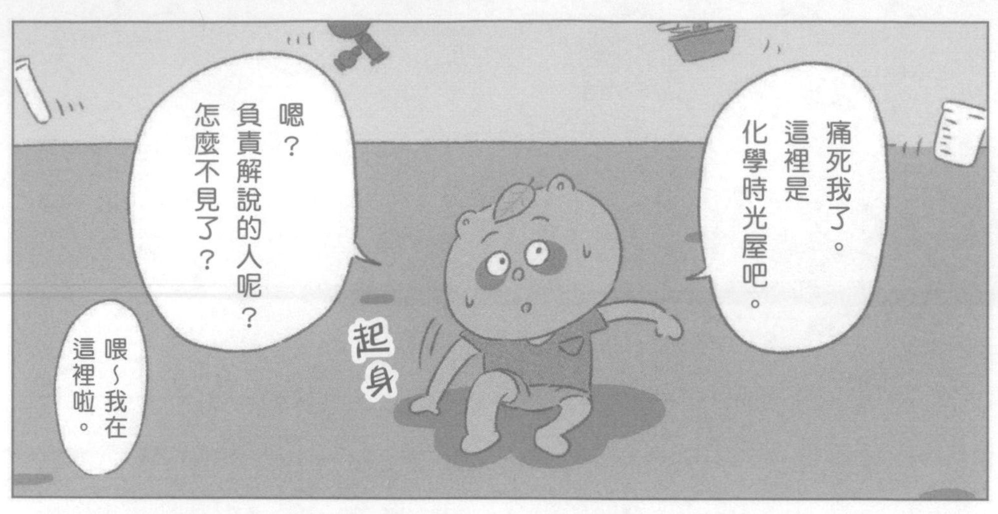
痛死我了。
這裡是化學時光屋吧。
起身
嗯？負責解說的人呢？怎麼不見了？
喂～我在這裡啦。

波可太，我在這裡啊～
!?
哪來的聲音？
東張西望
東張西望

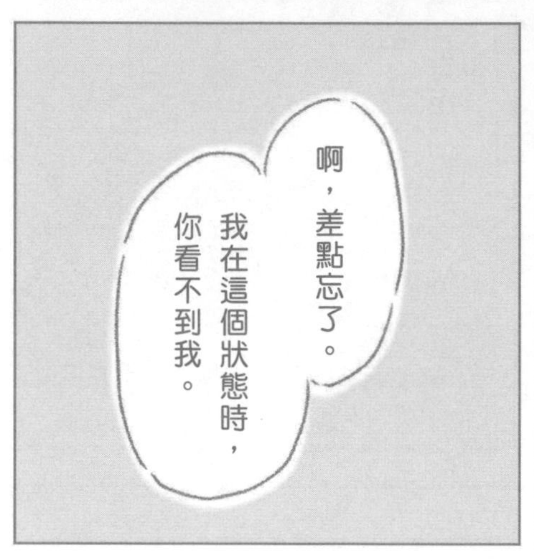
啊，差點忘了。
我在這個狀態時，你看不到我。

你好呀！我是原子！
砰！
其實我原本小到眼睛看不見，這次為了你特地變大了喔。
哇！
嚇了我一跳。

咦，原子？我問的應該是離子吧。
你這個問題問得太好了！

在正式說明離子之前，請容我先介紹一下原子！

唔，好像有在哪裡聽過「原子」，但完全不懂那是什麼意思。
雖然聽起來好像很難，
但原子在化學領域可是很重要的概念喔！

所以，該它出場了。
嗶嗶嗶嗶
砰！

Q 什麼是**原子**？

A 原子是肉眼看不見、構成物質的微小粒子，種類非常多。

例如：將水不斷分解再分解，最終會得到氧原子及氫原子。

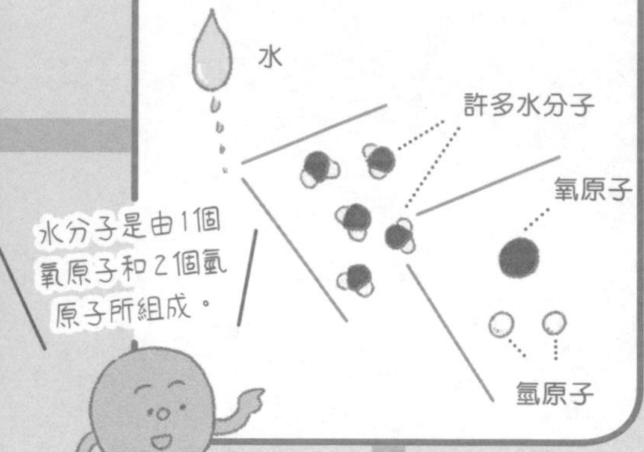

無論任何東西，不斷分割再分割之後，最終都會變成原子。

「分子」是由 2 個以上的原子相互連接在一起。空氣中的氧氣和氮氣也是以分子的狀態存在。

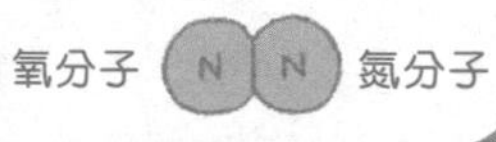

常見生活物品中有這些原子

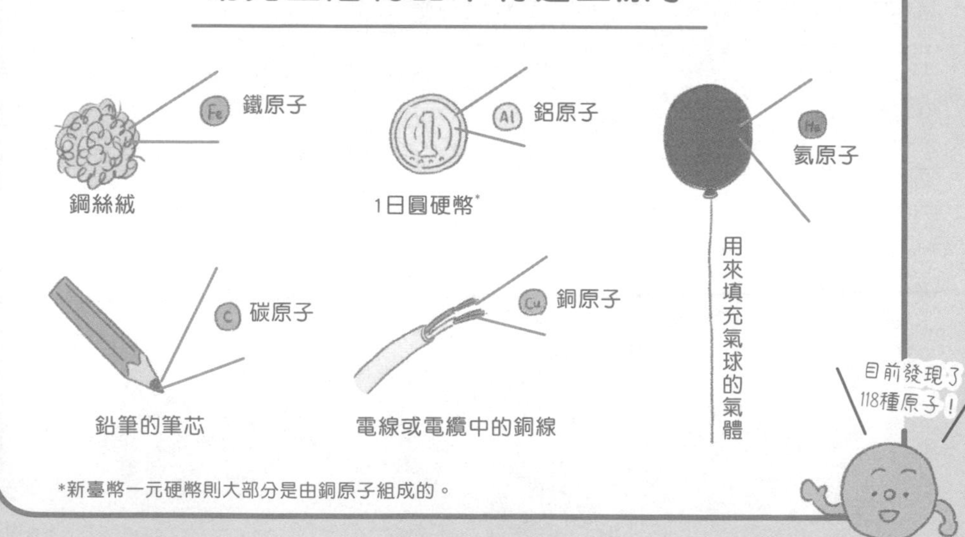

*新臺幣一元硬幣則大部分是由銅原子組成的。

肉眼當然是看不到的。

最小的原子是氫原子，直徑約為 0.0000001 毫米。

原子有多大呢？

原子的內部結構

原子的大小取決於它所含的粒子數目。**原子基本上是由質子、中子和電子三種更微小的粒子組合而成**（氫除外，氫沒有中子）。

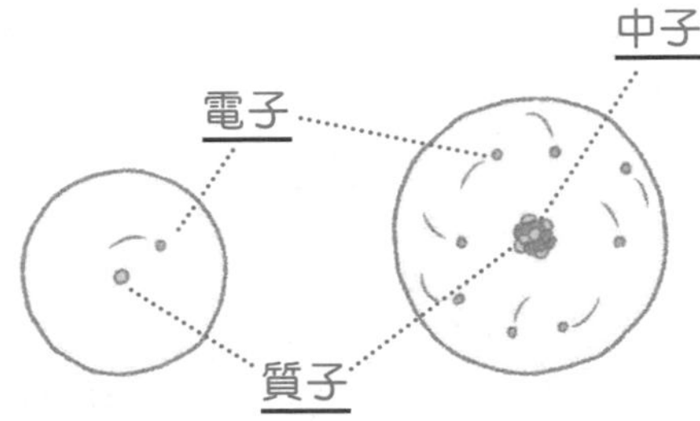

氫原子

（質子：1個
電子：1個）

氧原子

（質子：8個
中子：8個
電子：8個）

鐵原子

（質子：26個
中子：30個
電子：26個）

元素週期表

目前世界上已知的原子共有118種。將這些原子依照化學性質歸納、排列的表格，就稱為「元素週期表」。

H																	He
Li	Be											B	C	N	O	F	Ne
Na	Mg											Al	Si	P	S	Cl	Ar
K	Ca	Sc	Ti	V	Cr	Mn	Fe	Co	Ni	Cu	Zn	Ga	Ge	As	Se	Br	Kr
Rb	Sr	Y	Zr	Nb	Mo	Tc	Ru	Rh	Pd	Ag	Cd	In	Sn	Sb	Te	I	Xe
Cs	Ba	鑭系元素	Hf	Ta	W	Re	Os	Ir	Pt	Au	Hg	Tl	Pb	Bi	Po	At	Rn
Fr	Ra	錒系元素	Rf	Db	Sg	Bh	Hs	Mt	Ds	Rg	Cn	Nh	Fl	Mc	Lv	Ts	Og

鑭系元素	La	Ce	Pr	Nd	Pm	Sm	Eu	Gd	Tb	Dy	Ho	Er	Tm	Yb	Lu
錒系元素	Ac	Th	Pa	U	Np	Pu	Am	Cm	Bk	Cf	Es	Fm	Md	No	Lr

嗯、嗯，原子是構成物質的微小粒子。
而且由質子、中子和電子組合而成。
奇怪、那離子呢？
其實，剛才波可太說到的「電子」就是關鍵！

所謂的「離子」，
就是電子數量發生變化的原子！

嗯？你的意思是離子就是原子？
應該說它們一開始是原子。

直接看這裡比較清楚。
砰！

Q 什麼是離子？

A 由原子變成的帶電粒子。

因為原子內的「電子」數量發生變化！

為什麼原子會變成帶電粒子？

原子一開始不帶電的原因

原子中的「質子」帶正電荷，「電子」帶負電荷，因質子數量與電子數量相等，正負電荷相互抵消，所以原子呈電中性。

例如：鈉原子

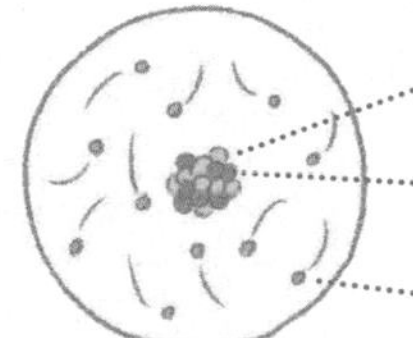

質子：11個

中子：12個

電子：11個

在一般情況下，質子數等於電子數，原子呈電中性。

示意圖

鈉原子君

然而，當原子失去電子後，因正負電荷失衡而形成帶電的粒子。當原子在這種狀態時就稱為「離子」。

電子跑掉了！
咻
Na
喔喔！
Na+
變成鈉離子

這意思就是說，原子一旦失去電子就會變成離子？
你這麼說也沒錯，不過
其實也有相反的情況。
相反？

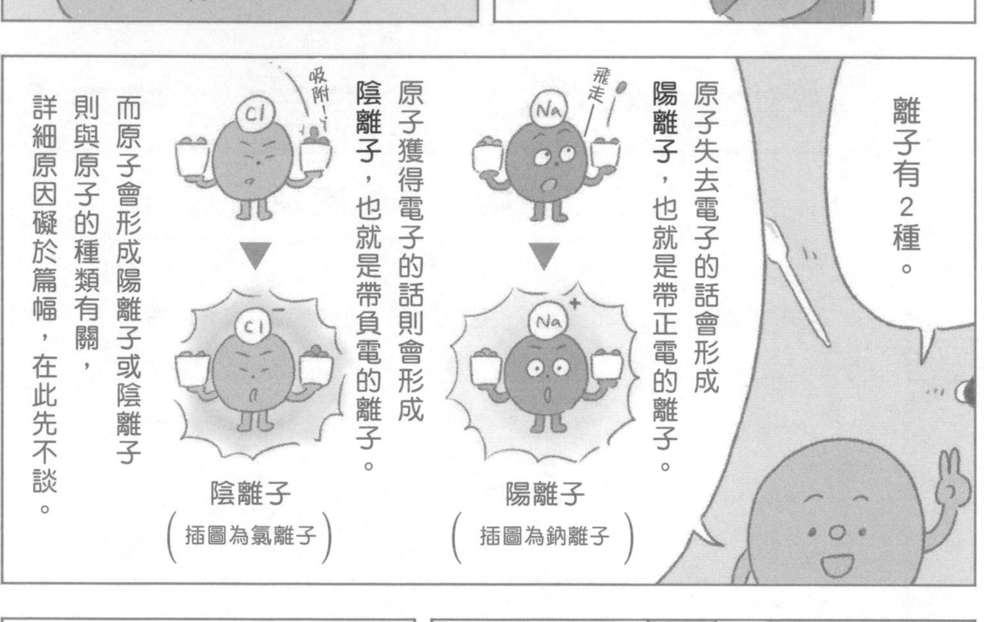

離子有2種。
原子失去電子的話會形成陽離子，也就是帶正電的離子。
飛走
Na
陽離子
插圖為鈉離子
原子獲得電子的話則會形成陰離子，也就是帶負電的離子。
吸附
Cl
陰離子
插圖為氯離子
而原子會形成陽離子或陰離子則與原子的種類有關，
詳細原因礙於篇幅，在此先不談。

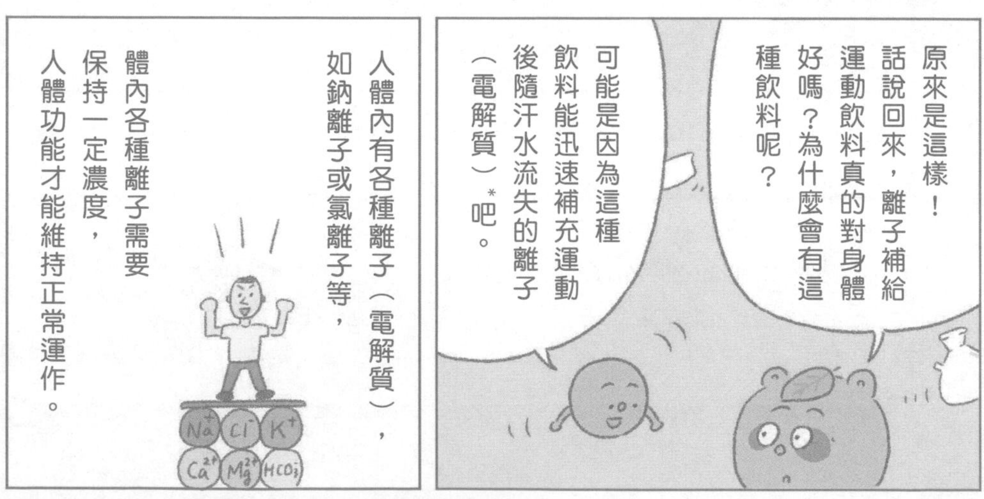

原來是這樣！話說回來，離子補給運動飲料真的對身體好嗎？為什麼會有這種飲料呢？
可能是因為這種飲料能迅速補充運動後隨汗水流失的離子（電解質）*吧。
人體內有各種離子（電解質），如鈉離子或氯離子等，
體內各種離子需要保持一定濃度，人體功能才能維持正常運作。
Na⁺ Cl⁻ K⁺ Ca²⁺ Mg²⁺ HCO₃⁻

*也有電解質補充飲料的說法，與離子補充飲料原理相同。

*運動飲料的含糖量很高，不宜多喝。建議在流汗後適量補充即可。

當人體中缺乏這些離子而造成體內電解質不平衡時，
就會引起噁心、嘔吐、頭暈或血壓異常等脫水症狀。
頭暈
目眩
Cl^-
K^+
Ca^{2+}
Mg^{2+}
HCO_3^-

離子補給運動飲料的作用就是為了預防脫水症狀發生*。
原來如此～這樣我就懂了！

太好了，那我要按囉。
按下
啪！

喔！
瓶身上確實有寫陰離子和陽離子這類的資訊。

又是原子又是離子的，我也越來越博學多聞了呢！
是因為我很厲害嗎？

醒醒吧，厲害的是卷軸的力量……
波可太開始有點喜歡上卷軸的神祕力量了。
第9話 完

第10話　變色口紅膠

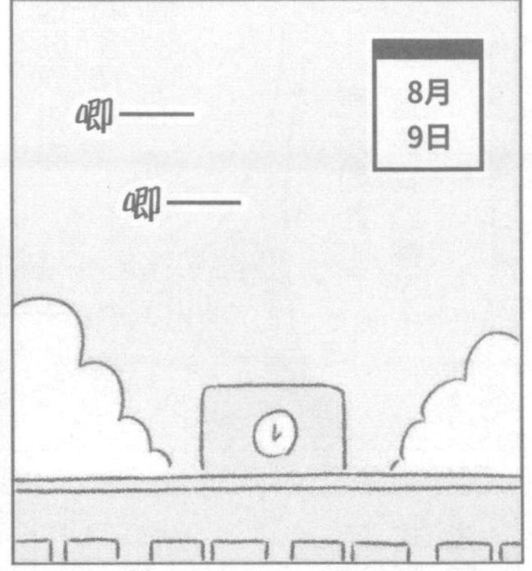
8月
9日
唧——
唧——

暑假來學校的感覺好奇怪。
前天看完搞笑劇的現場演出後——
啊，差點忘了。

美術社正在做文化祭要用的招牌，可是現在人手不夠，實在忙不過來。
你們兩個有空來幫忙嗎？

啊……真不巧，我們社團要練球。
我的話反正很閒，應該可以喔。
謝啦，波可太！那你10點來美術教室找我。
美術教室

喀噠
喀噠
探頭

波可太來啦，謝謝你今天過來幫忙。

原來美術社平常都在忙這些！
在前面，在前面。
對呀
能不能麻煩你，幫我把這些裝飾花貼在紙上好嗎？
就貼在打×的地方。
哦～好的。
膠水就在桌子上喔。
單獨作業呀！不用顧慮別人還滿輕鬆的。
OK！
先塗膠水……
啵！
？
咦？
藍色的口紅膠？
小健～
這口紅膠是藍色的耶，沒關係嗎？
啊，那個啊。
等乾掉之後就會變透明了，沒關係唷。
你之前沒看過這種口紅膠嗎？

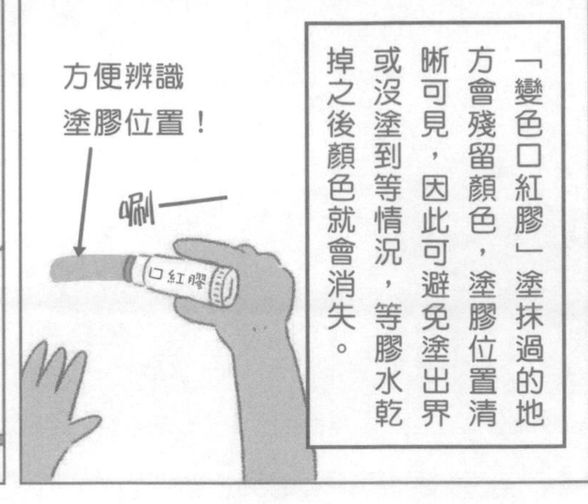
「變色口紅膠」塗抹過的地方會殘留顏色，塗膠位置清晰可見，因此可避免塗出界或沒塗到等情況，等膠水乾掉之後顏色就會消失。
唰——
方便辨識塗膠位置！
口紅膠

第一次看到這種口紅膠耶。
真的會變透明嗎？

這就是——
科學！
糟糕，這個姿勢……

啪！

咚！
砰
我真是受夠這個橋段了！

嗨，小波可！你對我這麼感興趣，真是多謝啦！
唔、嗯。
那我們馬上開始說明吧。
小波可？

我就直接切入主題了。
小波可，你知道酸性和鹼性嗎？

唔，酸性……你是說醋之類的？
嘿咻
鹼性我就不知道了。
通馬桶用的排水管疏通劑就是鹼性唷。

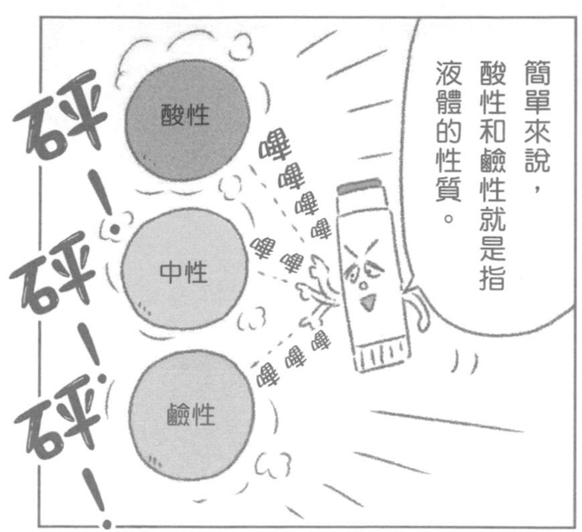
簡單來說，酸性和鹼性就是指液體的性質。
酸性
中性
鹼性
嗶嗶嗶嗶
嗶嗶嗶
嗶嗶嗶
砰！砰！砰！

而且呀，液體的酸性程度或鹼性程度還能用數值來表示！那、就、是——
壓緊緊——
酸性
中性
鹼性
嗶嗶嗶嗶
數值？

就是這個！
砰！
pH值
喔喔！嗯？pH值？

簡單來說，pH值就是溶液的酸鹼值。
這個值跟口紅膠有什麼關係嗎？

關係可大了，其實我會變色的關鍵就是pH值呀！
趕緊來看看這個吧！
嗶嗶嗶嗶
砰！

Q 為什麼變色口紅膠的顏色會消失？

A 因為口紅膠中含有一種會隨著pH值變化顏色的色素。

什麼是pH值？

pH 值代表水溶液[*1]的**酸鹼值**，也就是酸性或鹼性的程度。

＊1 物質溶於水中所形成的液體。

氫離子含量與pH值的關係

pH 值以 0 到 14 的數字來表示，**pH 值越小，酸性越強；pH 值越大，鹼性越強。**而酸鹼的程度則取決於溶液中**氫離子**含量的多寡[*2]。

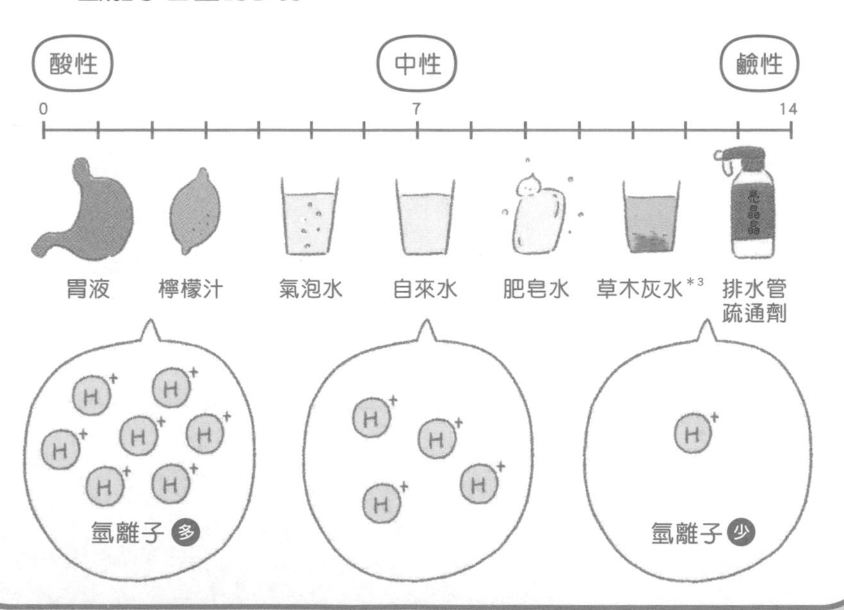

＊2 更精確的說，是取決於水溶液的氫離子(H^+)濃度，以及氫氧根離子(OH^-)濃度。

＊3 草木灰水又稱鹼水，是將草木燃燒後的灰燼泡在水中的浸泡液。

有些色素會隨著 pH 值而改變顏色！

其中最有名的屬**石蕊試紙**，石蕊試紙中的色素遇到酸時（pH 值低時）會變紅色，遇到鹼時（pH 值高時）會變藍色。

例如：在藍色石蕊試紙滴上 pH 值低的（酸性）液體時

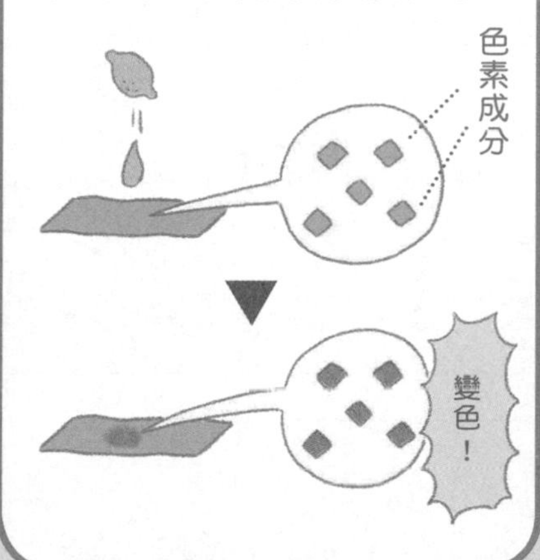

這種會隨 pH 值變色的色素，常被當作實驗用的化學試劑，稱為「酸鹼指示劑」。

而變色口紅膠的色素則具有「pH 值降低後，會變成透明無色」的性質。

口紅膠變透明的原理

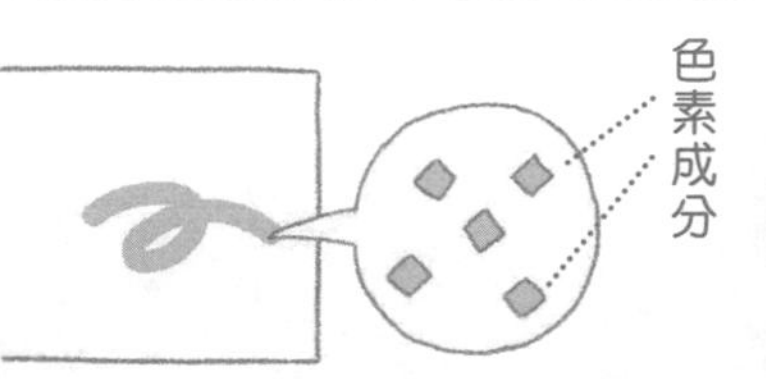

①口紅膠塗抹在紙上後，膠水開始吸收空氣中的二氧化碳及紙張中的酸性成分。

藍色膠痕慢慢變淡。

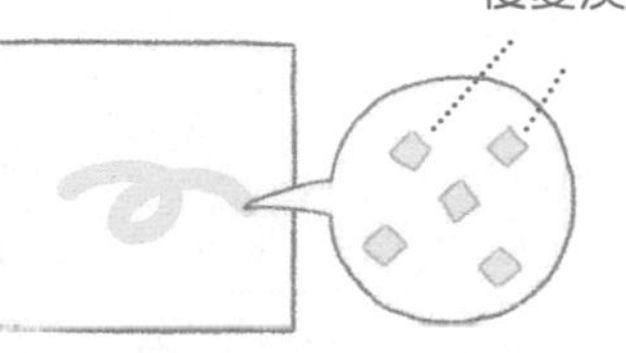

②隨著膠水的pH 值慢慢下降，紙上的藍色膠痕也漸漸變淡。

▼

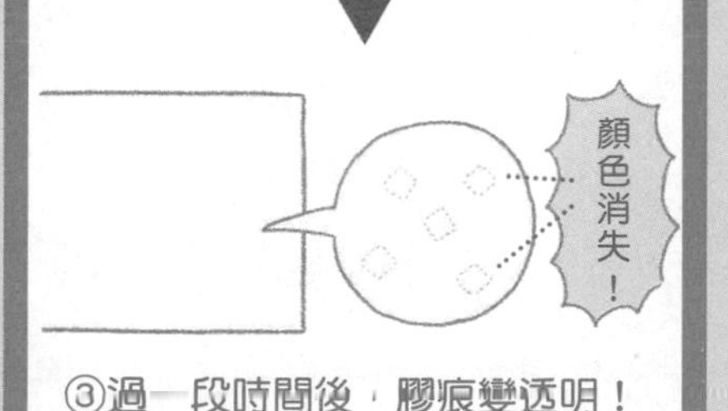

③過一段時間後，膠痕變透明！

*4 BTB試劑是「溴瑞香草酚藍試劑」的簡稱。

嗯嗯……
氫離子的含量決定pH值的高低呀。
沒錯、沒錯。
口紅膠變透明的原理

然後，口紅膠會變透明是因為pH值改變了。
就是這樣～
唔嗯，真的假的？

咦？你不相信嗎？
那不然來試試看吧。
啡啡啡啡
砰！

要試什麼呀？
你看就知道了。
唰——
先塗抹在紙上——

然後……
砰！
檸檬？
只要是酸性的東西都可以唷。
好，擠出汁液。
用力
看好了！
喔喔！消失了！
沒錯！檸檬汁讓pH值下降了，於是顏色就消失了。
不過，在一般情況下，膠痕的顏色是慢慢變淡，不會立刻消失。
原來如此，我懂了！
還有啊，雖然你之前沒聽過pH值，但它對這個世界的貢獻可是很大的。
是這樣子啊？

像是化妝品太過酸性或鹼性
都容易傷害皮膚，
因此必須好好檢測pH值，
調整到最適合肌膚的酸鹼程度。
除了化妝品之外，
還有很多用品都需要檢測及調整pH值。

化妝品

（需要調整成對肌膚最溫和的pH值。）

肉品與雞蛋

（透過pH值的檢測，判斷食品新鮮度。）

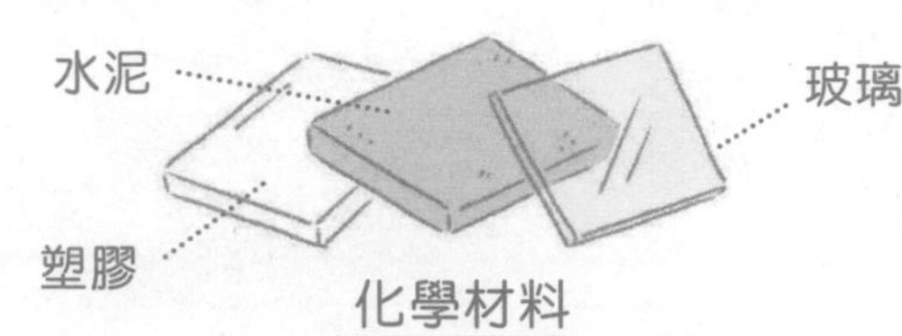

化學材料

（調整適當的 pH 值，以達到製程中最佳的化學反應效果。）

哇，沒想到pH值那麼重要！

話說回來，其實你還滿認真聰明的嘛！

啊!?

我才不像你說的那樣啦！

一開始看你說話吊兒郎當的樣子，還挺擔心的。結果很可靠嘛！我這次學到很多唷。

我、我要按了！
按下
哈哈哈，謝謝你。

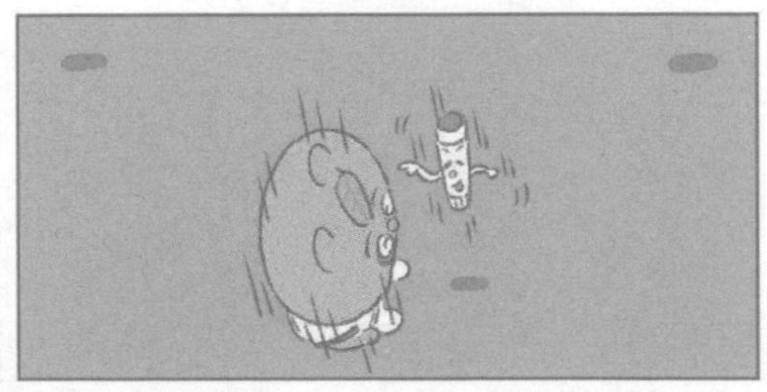

被稱讚認真而開心不已的口紅膠BOY。
嘿嘿嘿！

第10話 完

小知識	橘子罐頭製程中的酸鹼應用	用酸和鹼溶解橘子瓣表面的薄皮纖維（橘絡）。

橘子罐頭的主要製造過程

①剝除外皮與分開橘瓣

利用機器剝除橘子外皮後，再用高壓水柱沖刷，使橘子瓣分開。

表面還有薄皮！

②薄皮去除工程（1）

將橘子浸泡在**食品級鹽酸**中，軟化表面的薄皮，以便到下一製程去皮。

重點！ 酸性（pH值低）

薄皮變得軟爛

③薄皮去除工程（2）

將橘子浸泡在**食品級氫氧化鈉水溶液**中，使表面薄皮完全溶解。

重點！ 鹼性（pH值高）

表面薄皮完全不見了！

④薄皮去除工程（3）

在清水中沖泡約30分鐘，以洗淨橘瓣上的藥劑。

產品一定會經過仔細檢查，確保沒有殘留鹽酸及氫氧化鈉，可安心食用！

罐頭

⑤裝罐與填充糖液

在罐頭中裝入固定分量的橘子及糖液。

⑥密封與殺菌

經真空封罐後，再進行高溫殺菌。

⑦經過層層嚴格檢查，成品完成！

8月
10日
這一天，
在外地工作的爸爸回來了，
全家一起到車站接他回家。
噗嚕嚕——
啊啊～
好累啊～
家裡
有準備
晚餐喔。

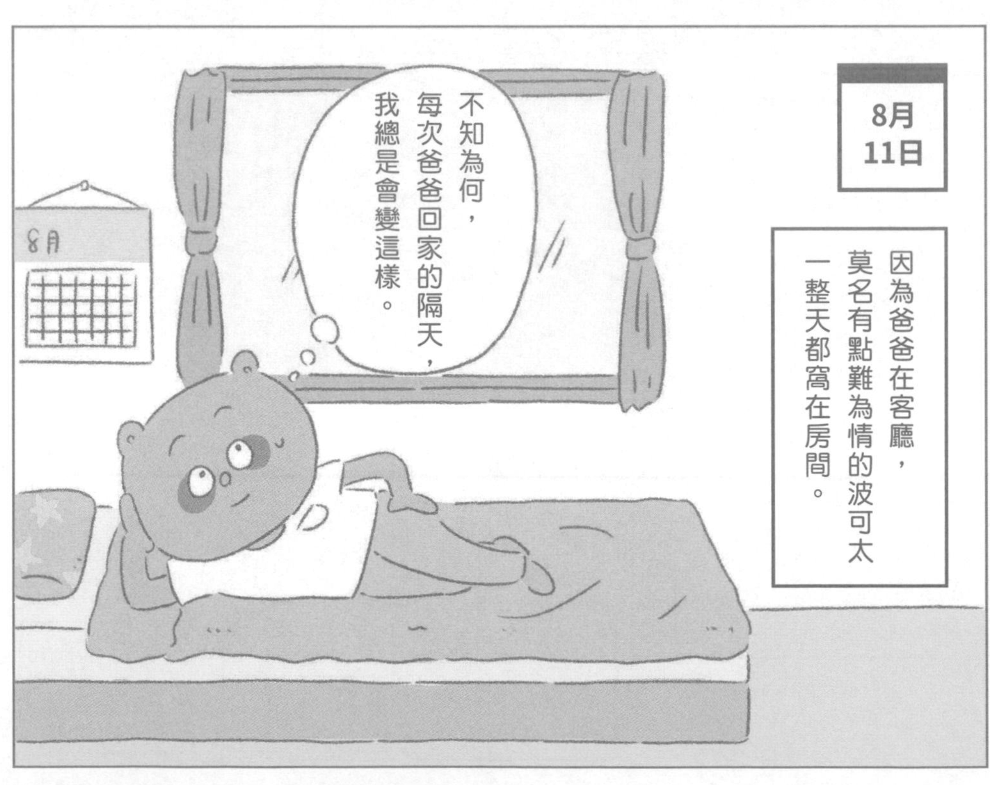
8月
11日
因為爸爸在客廳，
莫名有點難為情的波可太
一整天都窩在房間。
不知為何，
每次爸爸回家的隔天，
我總是會變這樣。
8月

8月
12日
全家一起回鄉下探望爺爺，中途卻遇上大塞車。
叭——
叭叭——
叭——
這條路每次都好塞～
總算在傍晚趕到爺爺家。
爸，要打擾您幾天了。
爸，好久不見～
爺爺～
來了呀，一路辛苦啦！

第11話　乾冰

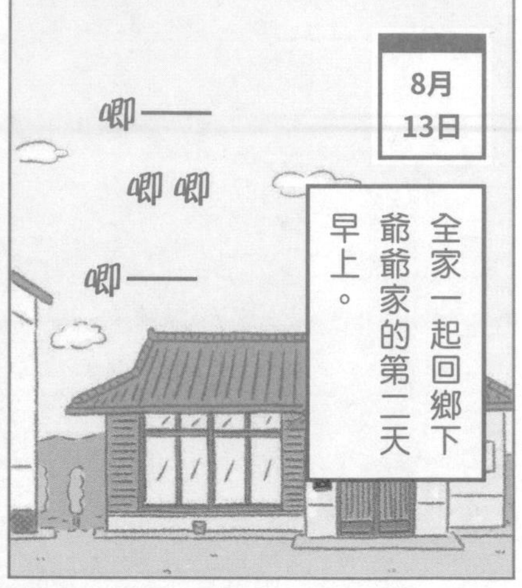
8月
13日
全家一起回鄉下爺爺家的第二天早上。
唧——
唧唧
唧——

這個也可以摘了吧。
波可太正在幫忙採收蔬菜。

採收蔬菜雖然好玩，但真的好熱。
哥，這個番茄也可以摘了嗎？
呃，應該可以吧？

爺爺人呢？
怎麼從剛才就不見人影？
不知道耶。
嘿～你們兩個～

冒出
我去買冰淇淋回來囉！

喔喔！
冰淇淋！
太棒啦！

很熱吧？
休息一下吧！
謝謝你們幫忙採收啊。
耶～

進屋裡大家
一起吃吧。
好～

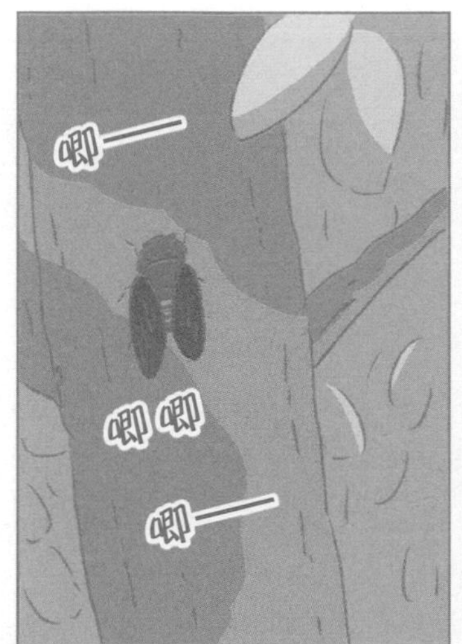
唧——
唧唧
唧——

爺爺，
快打開呀！
別急、別急，
我這就打開。
快開
快開嘛！

掀開
喔喔喔！
冰淇淋

我看看，選哪個口味好呢——
哇！我要選……
哈哈哈，不要吵架喔。
爸爸和哥哥不准偷跑，要用猜拳決定喔！

這個白白的是什麼呀？冰塊？

啊，那個不是冰塊，是乾冰。乾冰的溫度非常低，比冰塊更低喔！
所以不能用手摸喔，皮可美。直接用手摸乾冰可是會受傷的！

什麼……
乾冰和冰塊不一樣嗎？
那乾冰又是什麼？
管他的，先決定冰淇淋的口味比較重要。

這就是——
科學！
啊……

煙霧瀰漫
啪！
!?
這是哪裡啊？
煙霧瀰漫

煙霧瀰漫
前面好像有東西。
起身
煙霧瀰漫

那個……還有我也在這裡。
原來是看板！
哇！嚇我一跳。

Q 冰塊和乾冰有什麼不同呢？

A 冰塊是固態的水，而乾冰是固態的二氧化碳。

冰塊和乾冰的差異

物質有**固體**、**液體**、**氣體**三種形態。冰塊加熱後，會先融化成水（液體），再繼續加熱會變成水蒸氣（氣體）。**而二氧化碳的固體「乾冰」比較特別，乾冰受熱後會直接由固態變成氣態**。

水

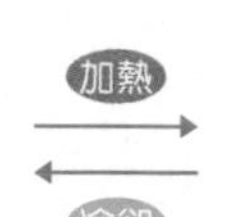

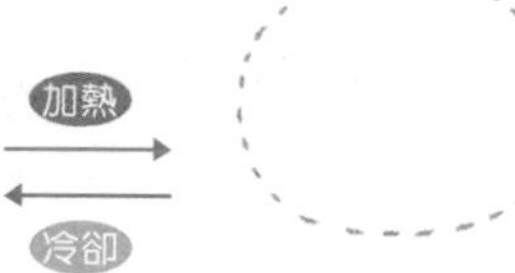

固體（冰）　液體（水）　氣體（水蒸氣）

這兩種氣體都是透明、看不見的。

二氧化碳

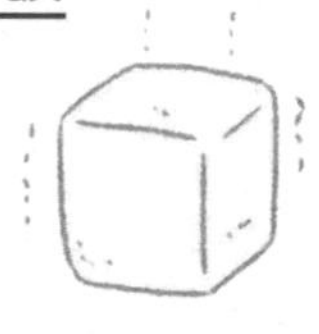

固體（乾冰）　氣體

不同狀態的鐵

鐵一向給人固體的印象，不過隨著溫度上升，鐵也會變成液體和氣體。

常溫下為固體

約1500°C時變成液體

約2800°C時變成氣體

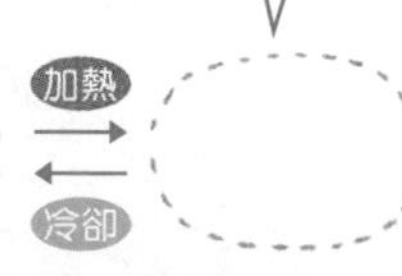

直接由氣體冷卻成固體很難，但透過加壓的方式作成固體會比較簡單。

乾冰的製造方法

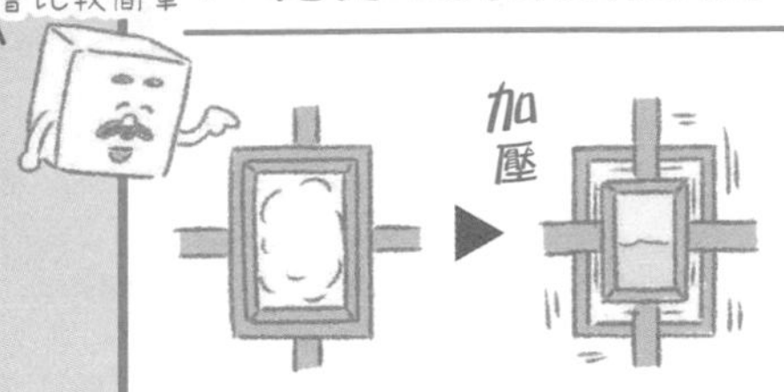

①利用高壓使氣態二氧化碳液化成液體。

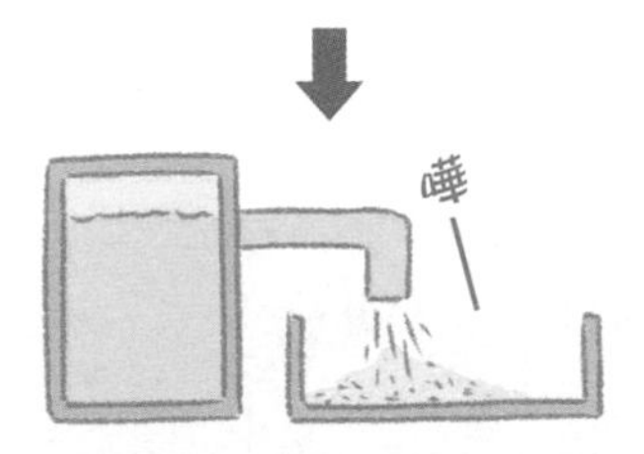

②二氧化碳液體離開高壓環境後快速膨脹，會吸收大量熱能，導致溫度一口氣下降到凝固點以下，形成粉狀的固態乾冰。

③添加少許水及藥劑，再經由機器壓縮成塊狀乾冰。

其實，只要藉由壓力控制，二氧化碳也能變成液體。

乾冰名稱的由來

在美國取得乾冰製造專利的「美國乾冰公司」，當時以「乾冰」為商品命名並進行銷售，也因此成為乾冰名稱的由來。

跟各位介紹本公司的新產品「乾冰」！
有了這個，冷凍運送再也不是問題！
哇！那是什麼？
好厲害！我要買！

商品名稱也就這麼定下來。

乾冰的用途

乾冰冷卻會直接昇華為氣體，能夠保持乾燥，因此它的用途非常廣泛。

冷凍劑

婚禮、演唱會等活動舞臺的煙霧效果

可用於清洗機器零件

原來乾冰不是水而是二氧化碳呀。
正是如此。
啊，
我好像還沒自我介紹。
你好，我是乾冰。
……嗯，跟我猜的一樣呢。

現在你知道乾冰是什麼了嗎？
唔嗯，大概知道吧。

太好了！那我們現在來做一個好玩的乾冰實驗吧。
砰！
砰！
硬幣和工作手套？

沒錯。接下來，麻煩你把這個硬幣……
扔
噹啷

用力的直直插進我的頭頂。

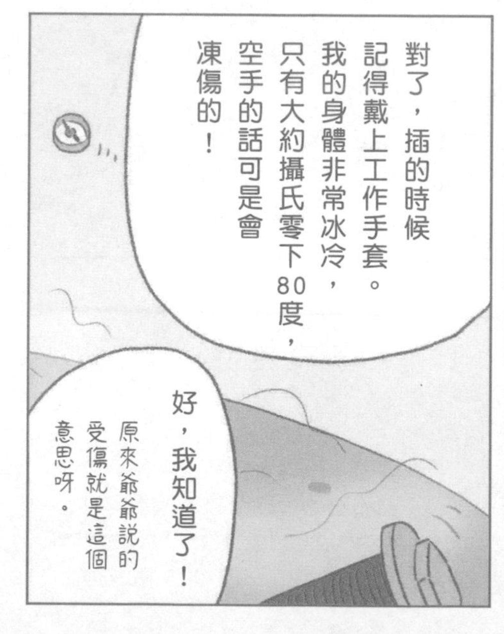
對了，插的時候記得戴上工作手套。我的身體非常冰冷，只有大約攝氏零下80度，空手的話可是會凍傷的！
好，我知道了！
原來爺爺說的受傷就是這個意思呀。

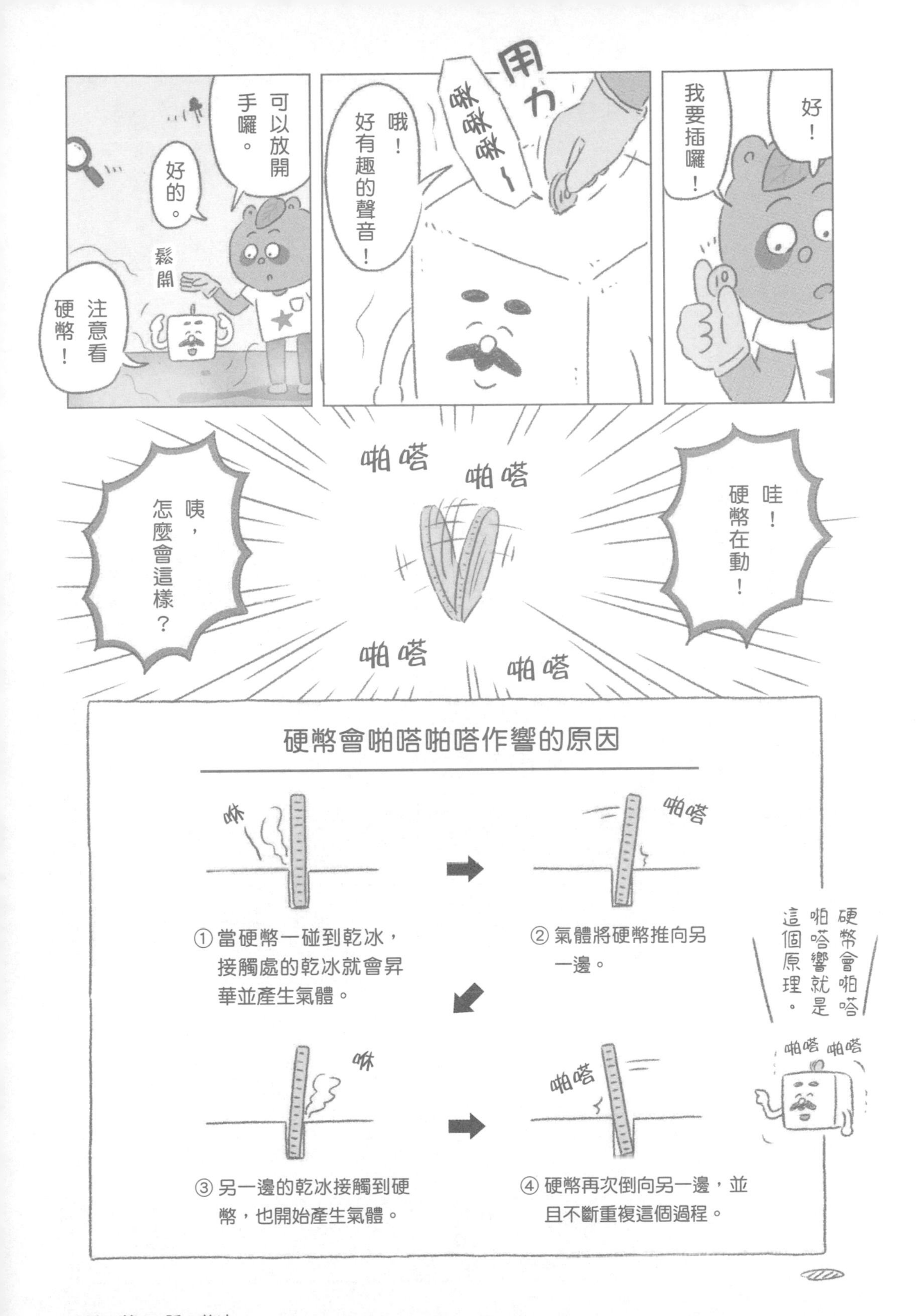

好！
我要插囉！
用力
啾啾啾～
哦！好有趣的聲音！
可以放開手囉。
好的。
鬆開
注意看硬幣！
啪嗒
啪嗒
啪嗒
啪嗒
哇！硬幣在動！
咦，怎麼會這樣？
硬幣會啪嗒啪嗒作響的原因
咻
啪嗒
① 當硬幣一碰到乾冰，接觸處的乾冰就會昇華並產生氣體。
② 氣體將硬幣推向另一邊。
咻
啪嗒
③ 另一邊的乾冰接觸到硬幣，也開始產生氣體。
④ 硬幣再次倒向另一邊，並且不斷重複這個過程。
硬幣會啪嗒啪嗒響就是這個原理。
啪嗒 啪嗒

我稱呼這個實驗為「硬幣跳舞」。但是，當硬幣變得跟乾冰一樣冷時，乾冰就不再昇華，硬幣也會停止跳舞。
好好玩喔！等我回去，我也要試試看。

嗯，請務必試試看喔！那就再會囉。
按下

啪！

啊~乾冰呀。
咦，哥你知道那是什麼啊？

乾冰是固態的二氧化碳，溫度只有約攝氏零下80度，超級冰冷，千萬不能直接用手去摸乾冰喔！
哼哼！
……
二氧化碳？那是什麼？

呃，二氧化碳是什麼？這個嘛……啊，對了！可以用硬幣玩個有趣的遊戲。
我找一下零錢。
哦，對了，說到有趣的遊戲……
？

喀啦
把乾冰……
水

像這樣丟到水裡的話就會……
扔
扔
撲通
撲通
撲通

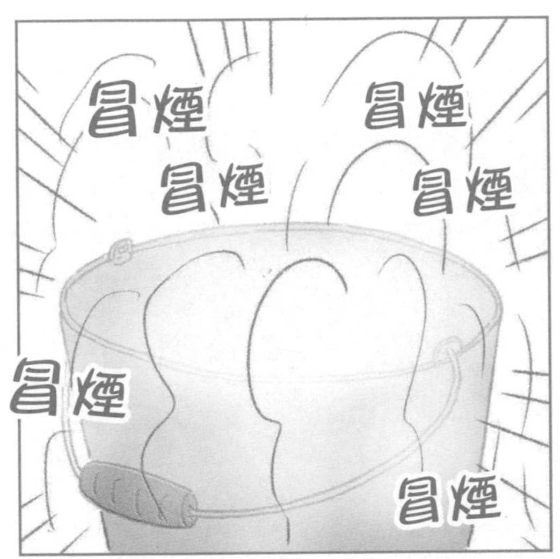
冒煙
冒煙
冒煙
冒煙
冒煙
冒煙

冒煙了耶！爺爺好厲害喔！
哈哈哈，很好玩吧！
哎喲！爺爺你幹嘛全部扔進去啦……
在家人面前耍帥失敗的波可太。
冒煙
冒煙
冒煙
冒煙
冒煙
冒煙

第11話 完

第12話　海水

嘩——
8月
14日
人聲
嘈雜
喧囂
熱鬧
鬧哄哄
鬧哄哄

波可太你泳技越來越好了嘛！
嘩啦
嘩啦
哈哈哈，還好啦。

啊，對了，波可太先等一下。
？

我們來比賽看看誰能在海面上漂浮更久吧。不過，手和腳都不能划動喔。
啊？這根本辦不到吧！
在海中比在泳池中更容易浮起來，沒問題的！

比在泳池中容易浮起來……
聽你這麼一說，好像真的是耶……為什麼呢？

這就是——
科學！

啪！
咦？
海？

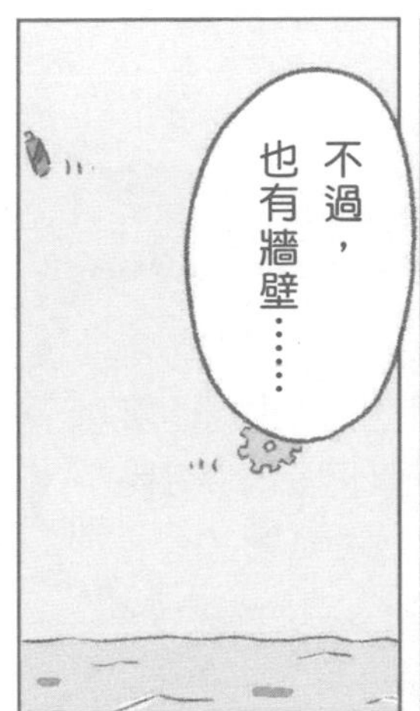
不過，也有牆壁……

你好——我是海水～
你想知道為什麼在海水中更容易浮起來對吧？
突然冒出
咦？
啊，嗯……

好的，請看看板～
嘩——
哇！

Q 為什麼在海水中身體更容易浮起來？

A 因為在海水中的**浮力**比淡水大。

浮力究竟是什麼？

浮力就是物體在水中受到的向上作用力。浮力與水壓有密切的關係。

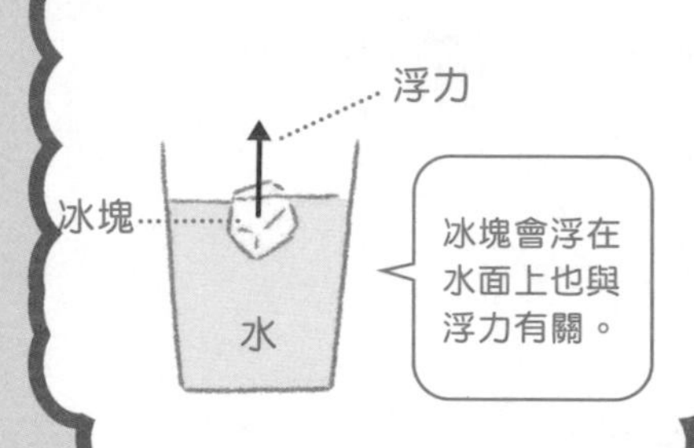

浮力
冰塊
水
冰塊會浮在水面上也與浮力有關。

水壓是指水對於水中物體產生的推擠壓力，類似空氣對物體施加的「大氣壓力」。

水壓與浮力的關係

水的深度越深，水壓越大。因此，當物體沉入水中時，物體底部所受的壓力一定大於頂部的壓力，兩者的壓力差就會產生「浮力」。

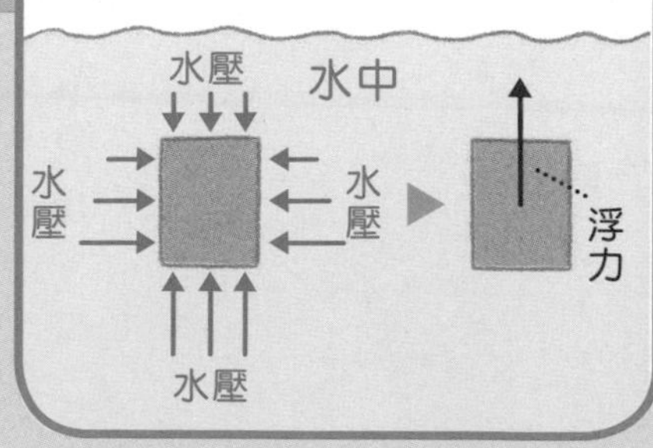

寶特瓶的水壓實驗

在裝滿水的寶特瓶側面開幾個小孔，觀察水柱噴出的速度和距離，就能更理解水壓與深度的關係。

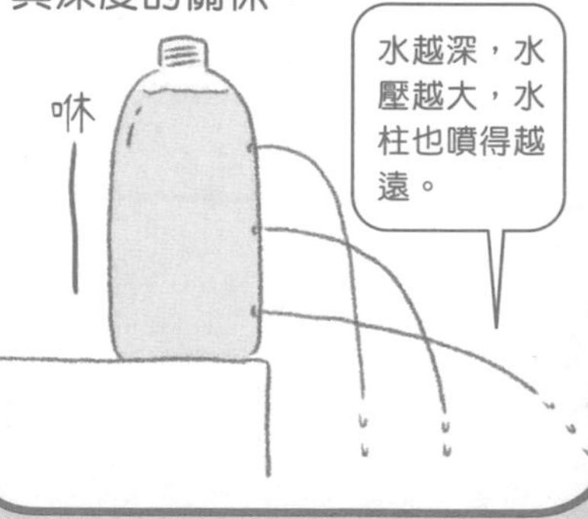

液體的密度與浮力的關係

液體的**密度**＊也會影響浮力的大小，**液體的密度越大，浮力就越大**。因此，海水的浮力比淡水（泳池的水）大；液態金屬「汞（又稱水銀）」的浮力又比海水大。

因為海水的密度比淡水大，所以在海水中更容易浮起來喔。

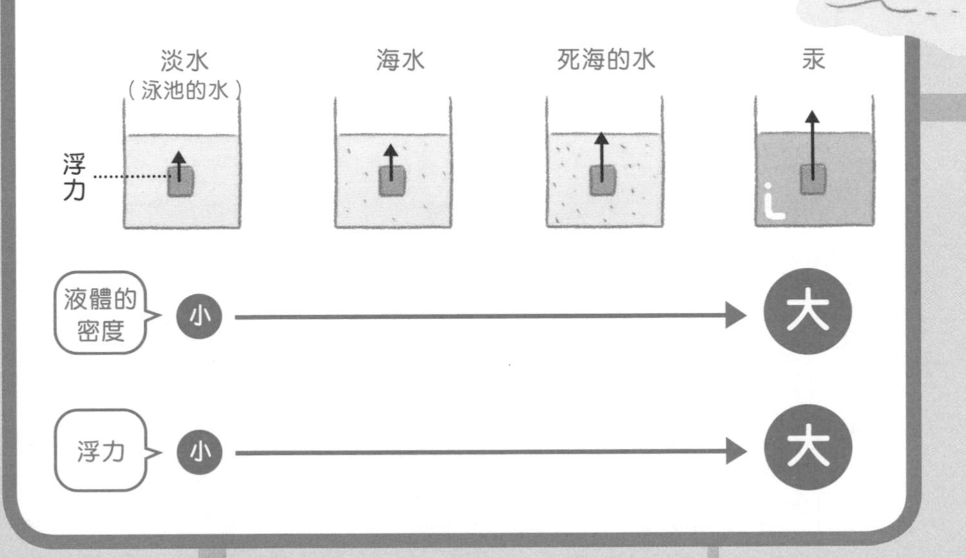

＊簡單來說，就是在相同體積的條件下，比較物體的質量大小。

物體會上浮還是下沉？

物體在液體中會上浮還是下沉，**取決於物體受到的浮力是否大於物體本身的重量**。

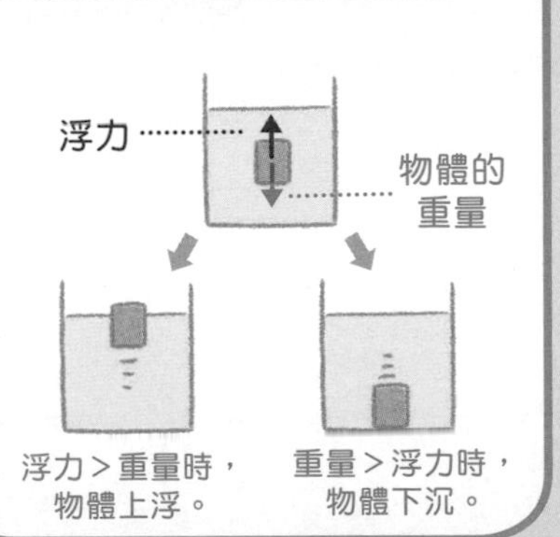

浮力＞重量時，物體上浮。

重量＞浮力時，物體下沉。

死海是什麼？

死海是位於中東的一座湖，含鹽量高達 30% 左右。與其說人會浮在死海水面，不如說是沉不下去。

在死海水面漂浮、看報紙的人

一般海水含鹽量只有3%左右～

死海的浮力也太驚人了吧！
好想去看看喔！

對了，說到浮力，你不覺得船能夠漂浮在海面上，很不可思議嗎？
真的耶！船那麼重為什麼不會沉呢？
其實，這個現象跟某個原理有關。

在開始介紹之前~

變身！
啪！
啊，水瞬間就退去了。

果然還是這樣子活動最方便~
對了，剛才說到的那個原理呀~
就是「阿基米德原理」！
阿基米……什麼？
？

阿基米德是古希臘的科學家家，他一生做過的研究及發明不計其數，他所發明的「數學逼近法」，可說是近代微積分的先驅。
聽過我的名字嗎？
阿基米德
Archimedes of Syracuse
（西元前287～前212年）

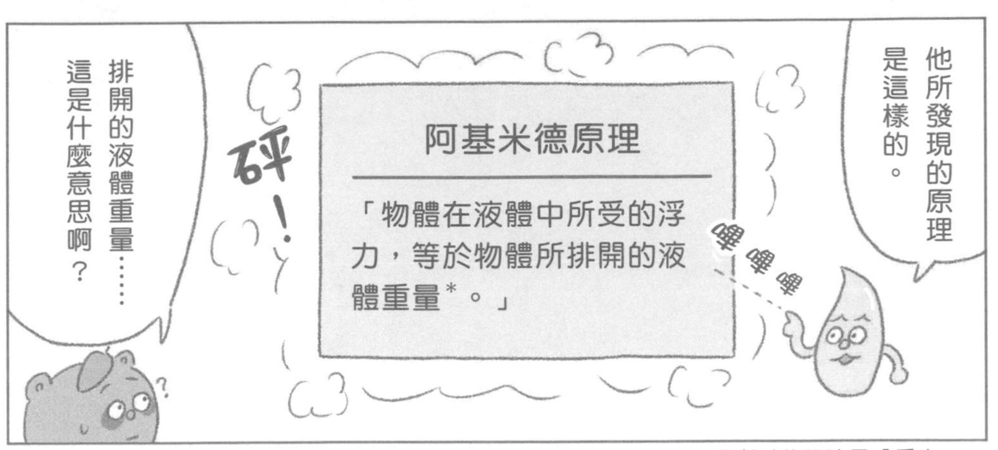

他所發現的原理是這樣的。
嗶嗶嗶
阿基米德原理
「物體在液體中所受的浮力，等於物體所排開的液體重量*。」
砰！
排開的液體重量……這是什麼意思啊？

＊更精確的說法是「重力」。

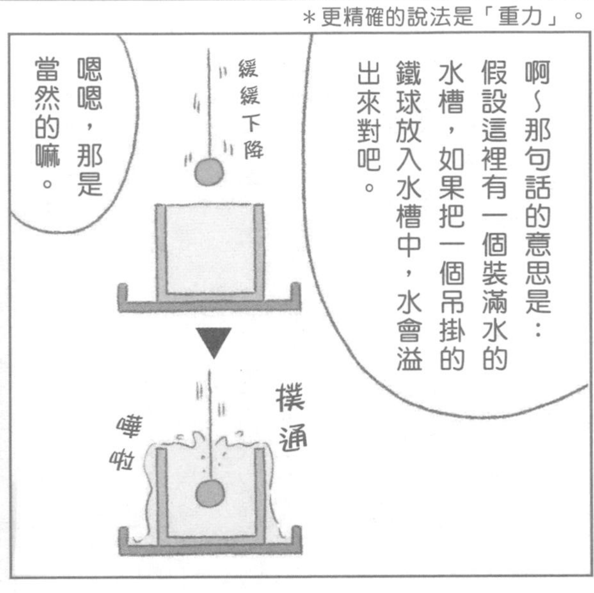

啊～那句話的意思是：假設這裡有一個裝滿水的水槽，如果把一個吊掛的鐵球放入水槽中，水會溢出來對吧。
緩緩下降
撲通
嘩啦
嗯嗯，那是當然的嘛。

這些「溢出來的水」也就是阿基米德原理中所說的——「物體所排開的液體」。

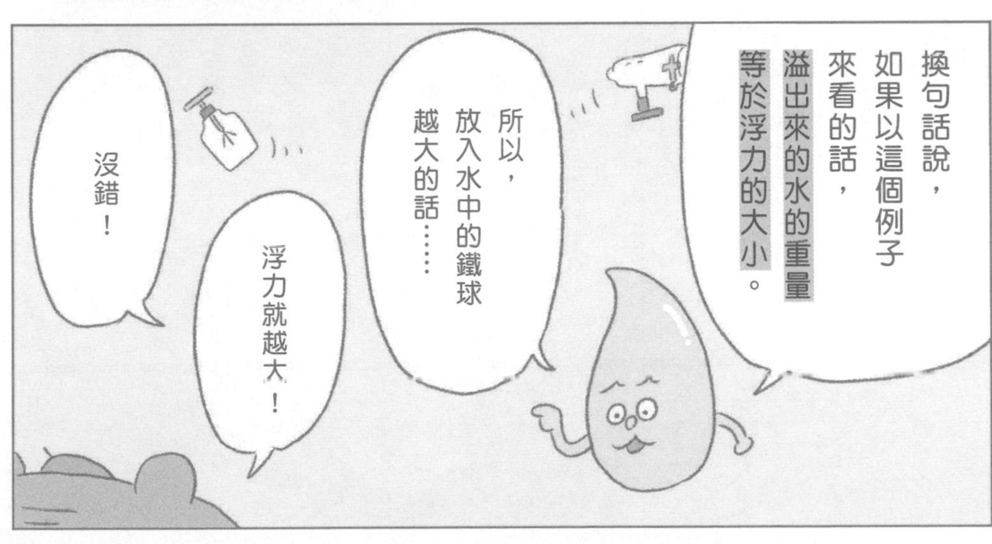

換句話說，如果以這個例子來看的話，溢出來的水的重量等於浮力的大小。
所以，放入水中的鐵球越大的話……
浮力就越大！
沒錯！

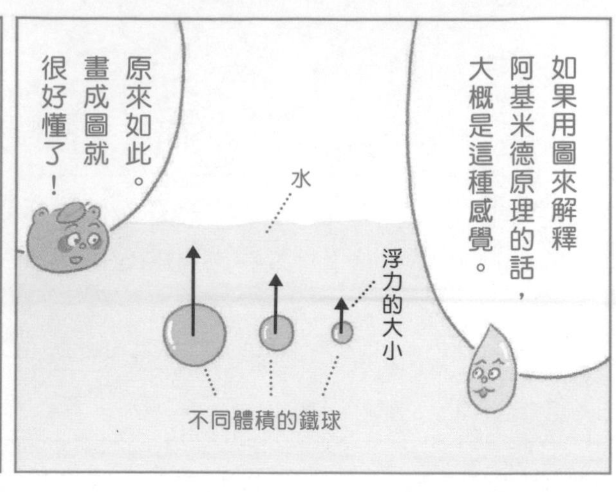
如果用圖來解釋阿基米德原理的話，大概是這種感覺。
水
浮力的大小
不同體積的鐵球
原來如此。畫成圖就很好懂了！

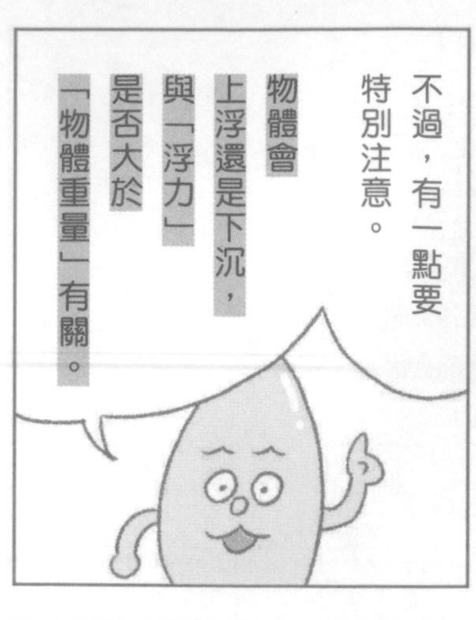
不過，有一點要特別注意。
物體會上浮還是下沉，與「浮力」是否大於「物體重量」有關。

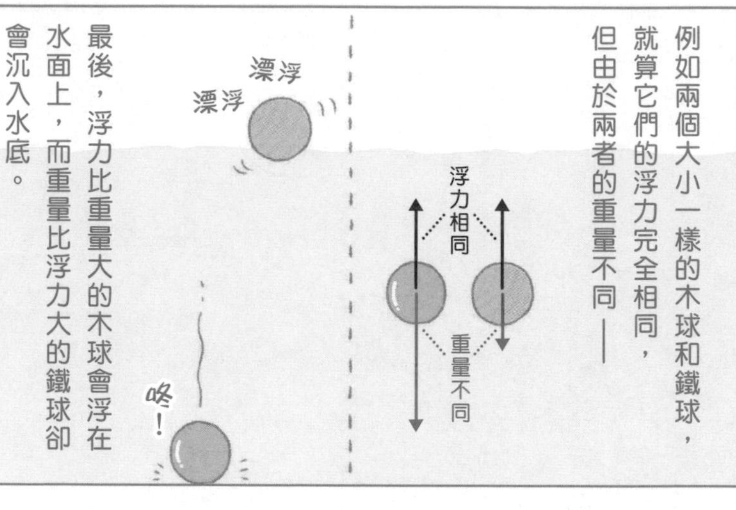
例如兩個大小一樣的木球和鐵球，就算它們的浮力完全相同，但由於兩者的重量不同——
浮力相同
重量不同
漂浮
漂浮
咚！
最後，浮力比重量大的木球會浮在水面上，而重量比浮力大的鐵球卻會沉入水底。

嗯，可是，鐵球會沉到水底，聽起來感覺就很理所當然。

的確是呢！不過，就算不改變鐵球的重量，也有辦法讓浮力變大～請回想一下我們剛才說的那個原理。
呃，難道是在重量不變的條件下，把體積變大？嗯？那要怎麼做呀？
阿基米德原理？

很簡單。
把球變成空心的就行了。

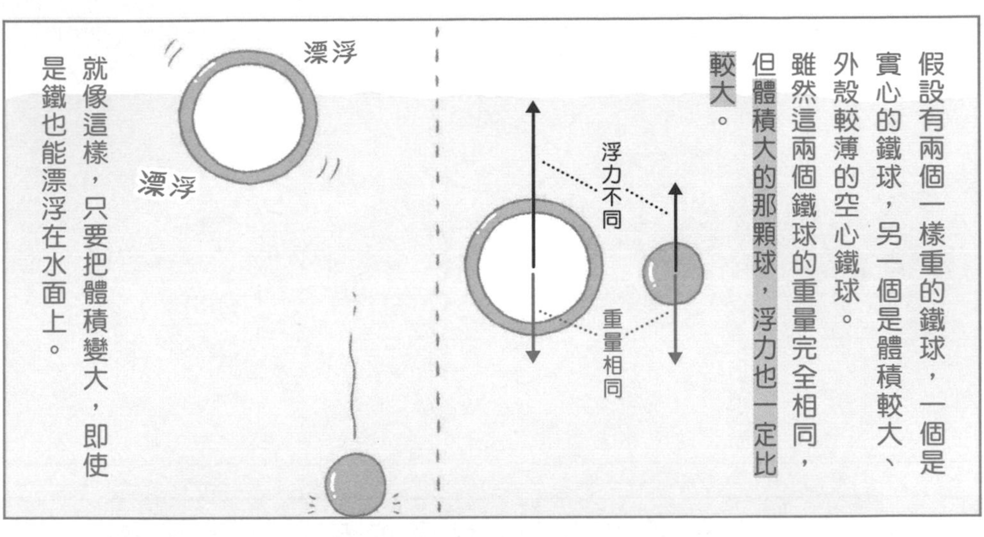

假設有兩個一樣重的鐵球，一個是實心的鐵球，另一個是體積較大、外殼較薄的空心鐵球。
雖然這兩個鐵球的重量完全相同，但體積大的那顆球，浮力也一定比較大。
浮力不同
重量相同
漂浮
漂浮
就像這樣，只要把體積變大，即使是鐵也能漂浮在水面上。

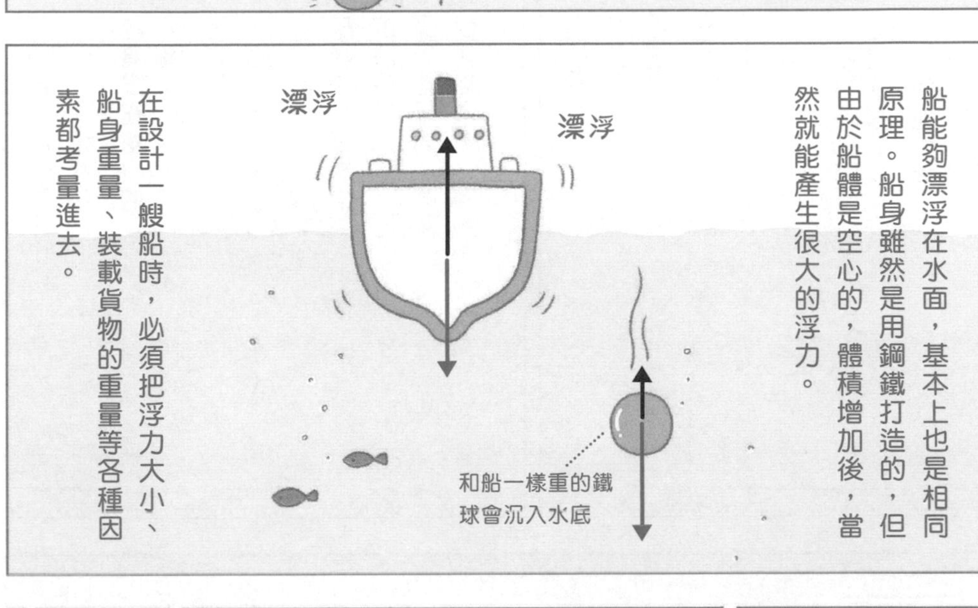

船能夠漂浮在水面，基本上也是相同原理。船身雖然是用鋼鐵打造的，但由於船體是空心的，體積增加後，當然就能產生很大的浮力。
漂浮
漂浮
和船一樣重的鐵球會沉入水底
在設計一艘船時，必須把浮力大小、船身重量、裝載貨物的重量等各種因素都考量進去。

這些複雜的設計與運算背後，背後所依據的就是阿基米德原理。
好厲害！

啊，對了，剛才你跟你爸爸是不是要比賽誰能在海面上漂浮更久？
想不想知道水上漂浮的訣竅？
我想知道！快告訴我。
就是阿基米德原理中提到的……

考慮得如何？要比嗎？
嗯，來比吧，不過我可以先練習一次嗎？

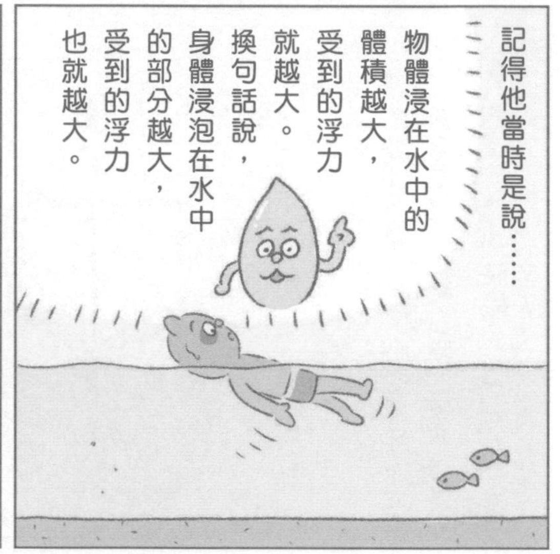
記得他當時是說……
物體浸在水中的體積越大，受到的浮力就越大。換句話說，身體浸泡在水中的部分越大，受到的浮力也就越大。

所以要收下巴，讓頭也浸在水中……
喔喔！浮起來了！

不錯耶。波可太你明明很會嘛！
漂浮
漂浮
哈哈哈，這沒什麼啦～
看來這場比賽還有得比呢。
波可太學會了「在海面上漂浮」。
第12話 完

小知識	關於「船舶浮沉」的二三事	船舶的吃水深度對於航海安全來說至關重要，因此船舶設有許多安全措施以維持適當的吃水深度。

船舶吃水線標記

船舶貨物超載會導致事故發生。因此「一艘船在水中能沉多深」是有限制的，這個深度限制就標記在船身上，稱之為「載重線（又稱最高吃水線）」。

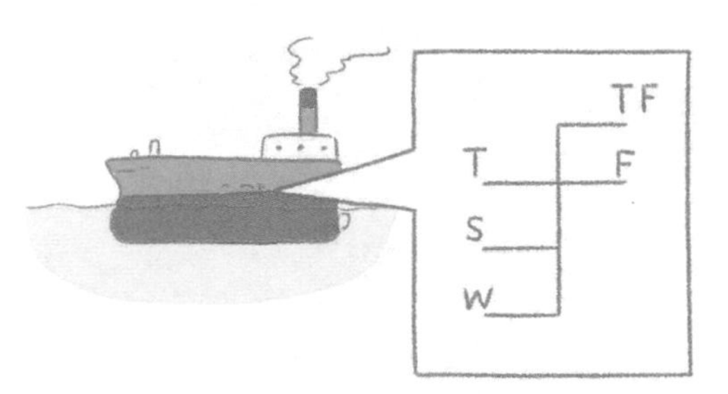

〈代號對應環境〉

TF　熱帶淡水

F　淡水

T　熱帶

S　夏季

W　冬季

船舶最佳的吃水深度，會依航行在海水或淡水而變化，甚至也會因季節和海域而不同，因此船身上刻有多條載重線。

把水吸入船艙內

原油油輪或運載鐵礦石的船舶，在沒有載運貨物時，會因船身過輕而重心不穩。為了維持重心穩定，避免吃水過淺而搖晃翻覆，船艙內部設有「壓水艙」可汲取海水到船艙內，增加船艦重量。

壓水艙內沒有海水

→吃水過淺而重心不穩！

維持穩定！

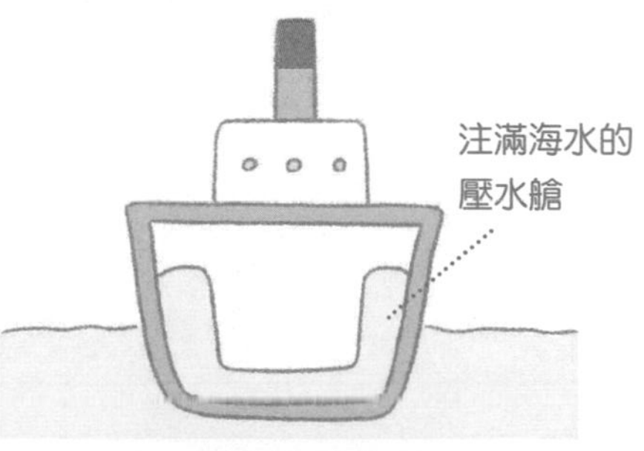

壓水艙裝滿海水

→船身一部分沉入水下，
重心穩定！

8月
15日
回外公外婆家。
外婆，我們來囉～
你們回來啦！

8月
16日
從外公外婆家返家，
回程路上又遇到大塞車了。
再早一點出門會不會比較不塞呀～
叭叭——
叭——

這天晚上，
爸爸再次返回外派地點……

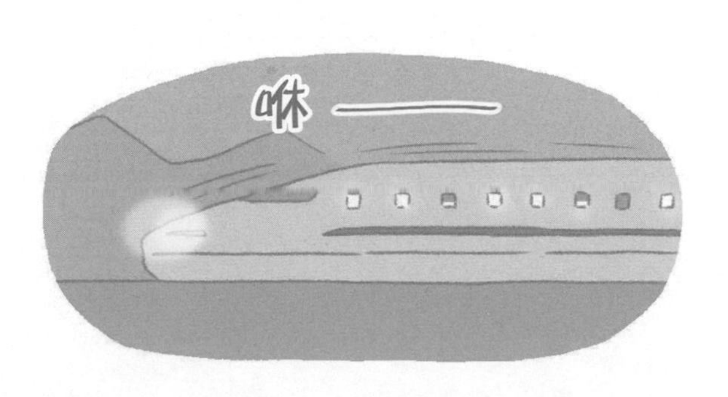

第9～12話登場的解說角色們

原子君

小到肉眼看不見的原子君，
真實身分是一顆氫原子。
第9話・化學時光屋登場。

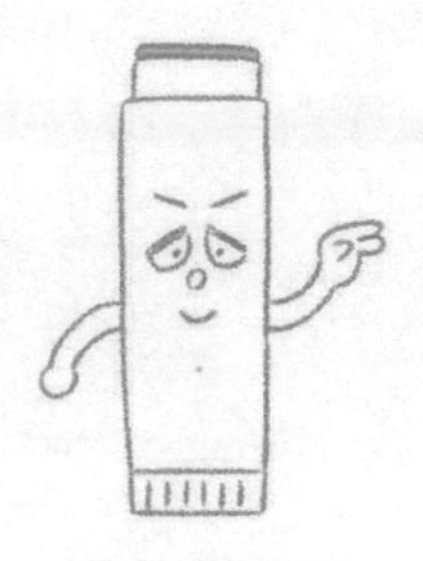

口紅膠BOY

說話痞痞的HIGH咖角色，
其實骨子裡是個認真的人。
第10話・化學時光屋登場。

乾冰大叔

喜歡用自己的身體做實驗。
第11話・物理時光屋登場。

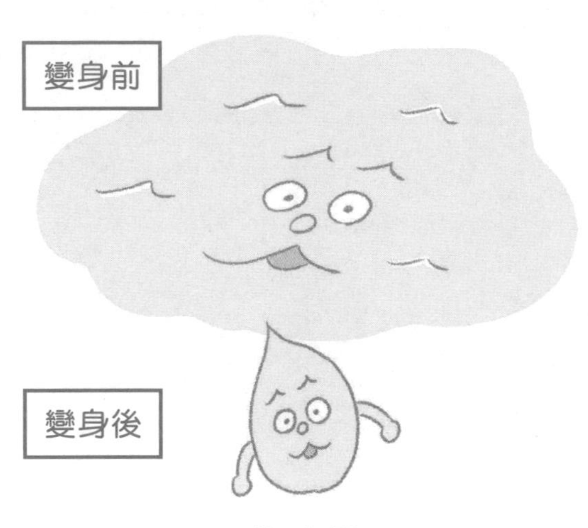

海水君

能夠變身成縮小形態。
嚐起來就跟海水一樣鹹。
第12話・物理時光屋登場。

卷軸消失前的最後兩天

第13話　雲

8月
18日
轟隆
轟隆
轟隆
轟隆
啊～
嗚嗚～
暑假作業再不寫，真的不妙啊。

為什麼啦，這種狀況……
打開作業前，明明充滿幹勁，打開作業本後，瞬間提不起勁。
不行了，先休息一下。
明明什麼都還沒做……
砰！

哇塞，好壯觀的雲啊！
好像快下雨了！

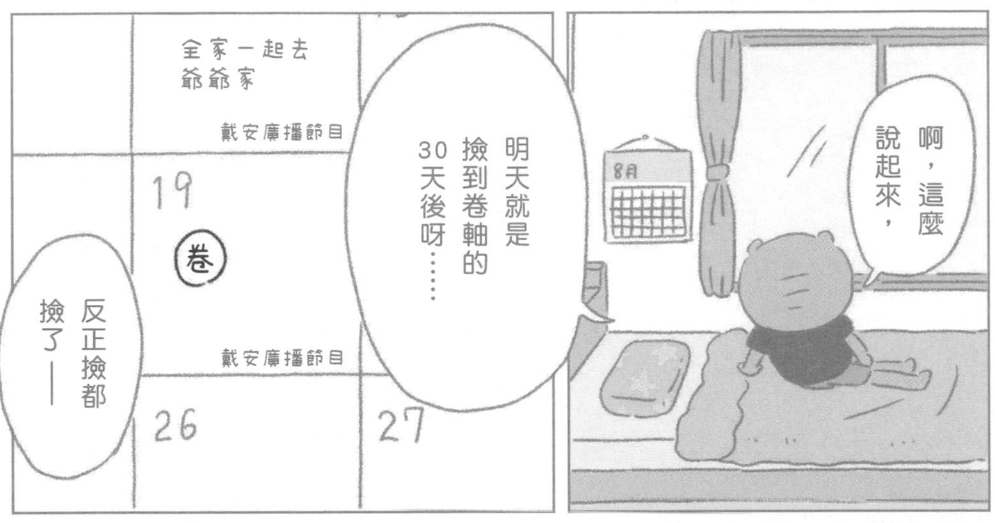
啊，這麼說起來，
8月
全家一起去爺爺家
戴安廣播節目
19
卷
戴安廣播節目
26
27
明天就是撿到卷軸的30天後呀……
反正撿都撿了——

不如來試試這個超能力。
我想想……天空的雲是怎麼形成的？
為什麼會有雲呢～

這就是——
科學！
來了來了～

啪！
喔喔～～

起身
看來我已經完全掌握這個力量了，對吧？
緩緩靠近
真有你的呢！波可太同學。

沒想到您會主動運用力量，還刻意提出問題，
我是雲～
是不是對自然科學產生興趣了呢？

唔，還稱不上感興趣啦……
只是覺得……生活周遭似乎有很多事都跟自然科學有關。
光是能察覺這點就很了不起囉！

咦，了不起？
嘿嘿嘿，真的嗎？

當然是真的囉！那我們回歸正題，剛才波可太同學看到的雲，是不是長這樣？
哇一
上升
湧出
上升
湧出
上升
湧出

這種雲叫做「積雨雲」，又名「雷雨雲」，出現時，常會伴隨打雷閃電。
夏天在潮溼空氣和陽光等適合條件的加持下，特別容易形成龐大的積雨雲喔。
有時甚至可高達10公里呢！
滾動
湧出
湧出
滾動
滾動
湧出
對了，請問雲是怎麼形成的呢！
聽得到嗎——
好大喔——！

我們先一步一步來嘛。
滾動
湧出
滾動
滾動
先回到最基本的問題，您知道雲是由什麼組成的嗎？
不知道耶。

雲其實是由小水滴和冰晶凝聚而成的。
冰晶
小水滴

這些小水滴和冰晶，是來自空氣中的「水蒸氣」。
水蒸氣？

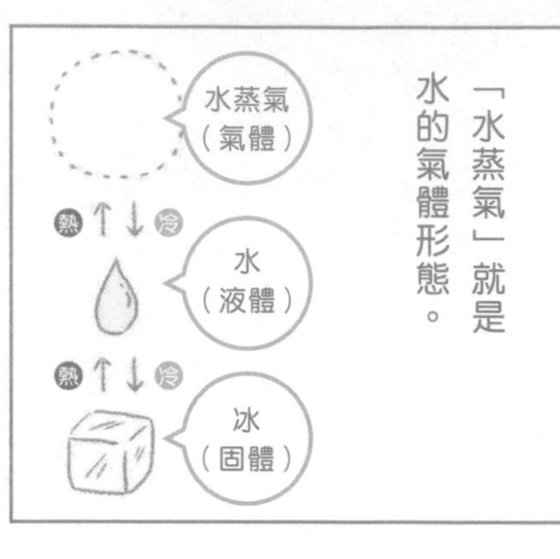
「水蒸氣」就是水的氣體形態。
水蒸氣（氣體）
熱
冷
水（液體）
熱
冷
冰（固體）

好，那我考考您一個問題。
砰！
緩緩飄下

緩緩飄下
……
咕嘟咕嘟
這是水壺吧？

沒錯，水壺裡面裝著燒開的滾水。您知道哪部分是水蒸氣嗎？
咕嘟—
這還不簡單。

＊溼度0%的話代表空氣中沒有水蒸氣，但在自然環境中極少出現這種情況。

Q 雲是如何形成的？

A 地表的暖溼空氣上升到半空中，其中的**水蒸氣**在空中冷卻後，凝結成水滴和冰晶，形成肉眼可見的雲。

雲的形成和空氣的3個特性有關！

空氣的特性1

空氣變熱後會上升，形成上升氣流。

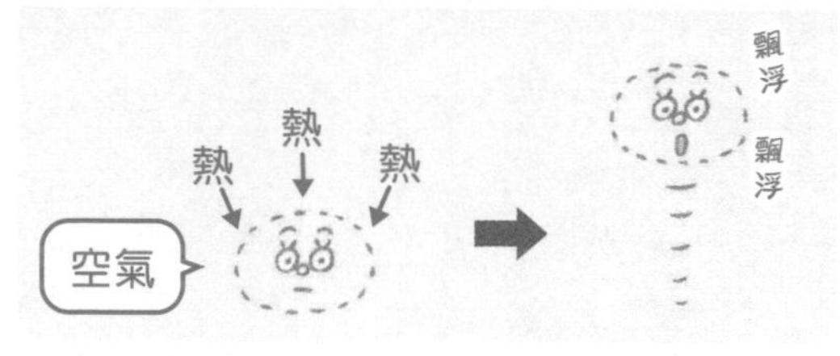

空氣的特性2

當氣壓下降時，空氣會膨脹，膨脹空氣的溫度也會跟著下降。

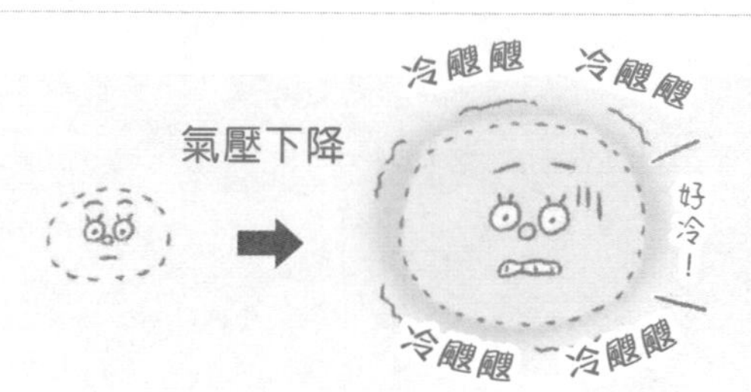

空氣的特性3

當含有大量水蒸氣的空氣被冷卻時，部分水蒸氣會變成水滴或冰晶。

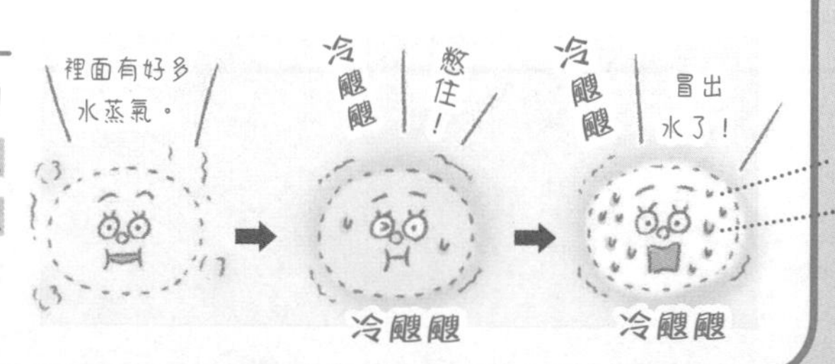

雲的形成過程

①在陽光的照射下，地表的水分蒸發成水蒸氣，帶有水蒸氣的熱空氣上升到空中。（空氣的特性1）

②隨著這團空氣上升得越高，氣壓就越來越小，空氣跟著膨脹，使內部熱能分散開來，造成氣團溫度下降。（空氣的特性2）

③溫度下降使空氣中的水蒸氣凝結成水滴和冰晶，形成肉眼可見的雲。（空氣的特性3）

形成雲層的上限高度

在大氣對流層與平流層交界（平均距離地面 12 公里），由於大氣層的溫度極低，非常不容易形成雲層。

這種雲稱為「砧狀雲」。
通常當雲層到達距離地面約12公里的高空時，會往水平方向擴散。

高氣壓時天氣晴朗

高氣壓中心的空氣會形成下沉氣流。空氣無法上升，也就不會形成雲層，因此高氣壓時，天氣往往較為晴朗。

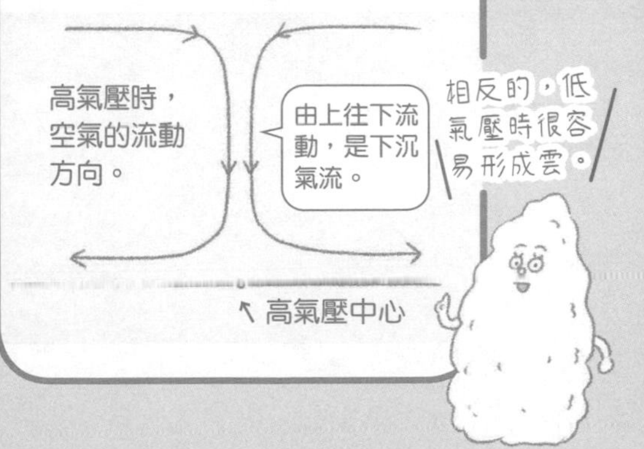

高氣壓時，空氣的流動方向。
由上往下流動，是下沉氣流。
相反的，低氣壓時很容易形成雲。
高氣壓中心

原來雲的形成過程是這樣！
上升氣流呀～
沒錯。雲的形成跟空氣和水蒸氣有密切關係喔。
不過，飛機雲的形成和普通雲又有點不同。
噫，是喔？

好，那我們就來製造飛機雲看看吧。
請抬頭看上方。
啪！
製造？

當飛機排出的廢氣在空中冷卻時，廢氣中的水蒸氣會迅速凝結成水滴和冰晶，形成飛機雲。
飛機雲的形成和空氣中的水蒸氣無關，就這點來說，和普通雲不一樣。
轟隆隆隆隆～
哇—

順帶一提，如果飛機雲在空中遲遲不散的話，
代表天空中含有大量水氣，是天氣可能變壞的徵兆。
相反的，當空氣乾燥時，天空中的飛機雲則會很快消散。

原來如此，下次我會注意看看！
請務必試試。

那我們就講解到這裡。
按下

啪！
喔～回來了。
1st DVD

──很好，有種獲得新知識的滿足感！
嗯、嗯！

乾脆一鼓作氣把暑假作業也寫一寫……？
……

還是算了，先來打電動吧。
轟隆
轟隆
轟隆
轟隆
看來波可太是拖到最後一刻才要趕作業的類型。
8月

第13話 完

依據雲所在的高度和形狀，大致可將雲分成10個種類，稱為「**十大雲屬**」，這是國際共通的分類方式唷。

卷層雲

薄薄的雲幕，像輕紗垂布天空。有時會在太陽周圍形成日暈。

卷雲

呈纖維狀，形狀如同羽毛或絲帶。由冰晶組成。

高層雲

比卷層雲更厚，呈灰白色的烏雲。

雨層雲

遮蓋住整個天空的灰色厚雲層。出現時通常會下雨。

小型螺旋槳飛機

層雲

形成高度最低的霧狀雲，有時會出現在山腰。

層積雲

呈波浪狀排列的粗大雲條。這種雲在空中形成的高度較低。

小知識

各種類型的雲

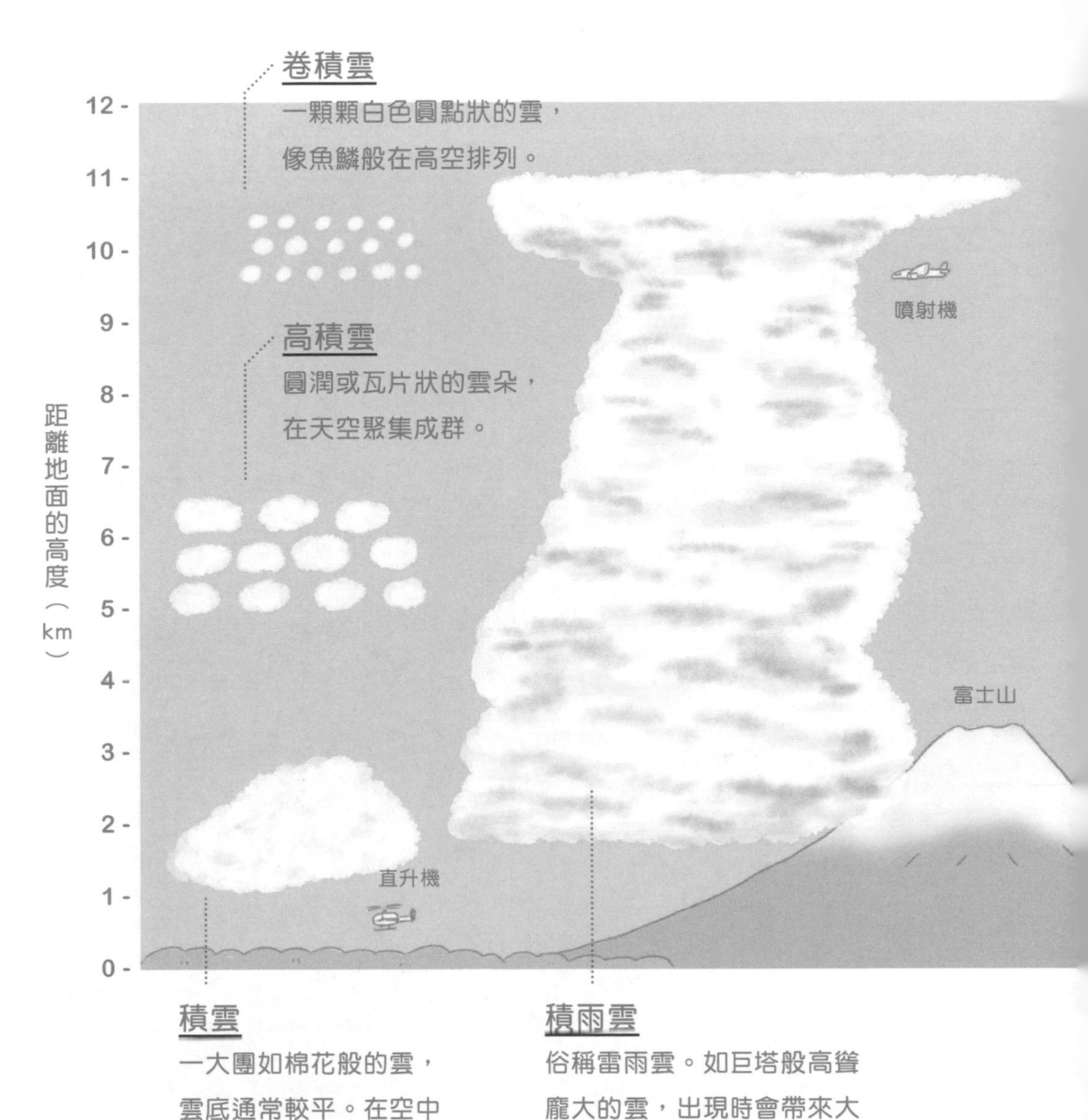
卷積雲
一顆顆白色圓點狀的雲，
像魚鱗般在高空排列。
高積雲
圓潤或瓦片狀的雲朵，
在天空聚集成群。
距離地面的高度（km）
12 -
11 -
10 -
9 -
8 -
7 -
6 -
5 -
4 -
3 -
2 -
1 -
0 -
噴射機
富士山
直升機
積雲
一大團如棉花般的雲，
雲底通常較平。在空中
形成的高度較低。
積雨雲
俗稱雷雨雲。如巨塔般高聳
龐大的雲，出現時會帶來大
雷雨。

第 14 話　雷

光亮

轟隆
轟隆
轟隆
啊……睡著了
醒來

呼哈～居然這麼晚了……
18:36

房間好暗。
光亮
啊，是閃電。

對了，這麼說來……
講解煙火那時提到過，只要測量發光到聽見煙火聲的時間，就能推算出煙火的距離。
也能用來推算雷擊距離唷～

轟隆
轟隆
轟隆
嗯、嗯～
雷聲來了。

光亮
出現了……
1、2、3、4、
5、6……

轟隆
轟隆
轟隆
6秒呀……
我記得
聲音的速度是
每秒340公尺。

340公尺乘以6秒是……
嗶
嗶
嗶
大約2公里呀，
雷擊位置
還挺遠的嘛。

無論如何，葉子的
「力量」總歸是發
揮作用了吧。
好像有變聰明
一點了？
光亮
哦，又是
閃電。1……

劈哩啪啦
轟隆轟隆
驚嚇！

咦？
之前雷擊位置
明明在2公里外。
可是剛才那道雷
距離超近的耶？
嚇死我了！

這就是——
科學！

這是今天第二次空間跳躍了。

嗯？

雲朵姊姊？怎麼感覺你變得不太一樣？
滋滋滋
啲呵呵。
滋滋滋
我現在可是雷型態喔。
滋滋滋
滋滋滋
……你應該不會突然打雷吧。

對了對了，我第一次測量時，雷擊位置明明遠在2公里之外，可是第二道雷聲突然變得超近的耶！
哎呀，那是因為——

積雨雲不只高度很高，連範圍也很寬廣，有時直徑甚至會超過10公里。
翻湧
滾動
翻湧
滾動
滾動
翻湧
滾動
翻湧
滾動
所以，只要在積雨雲籠罩的範圍內，即使上一秒雷擊位置遠在數公里之外，下一秒也可能劈在正上方。
200公尺（0.6秒）
轟隆——
轟隆——
2公里（6秒）

意思就是，即使你聽到2公里外的雷聲，也不能大意，知道了吧。
原來積雨雲這麼龐大呀。話說回來，雲朵姊姊你連說話的語氣都變了耶。
不過，雷究竟是什麼呀？電嗎？
要說它是電也沒錯，但更精確的說法是「靜電放電」。
砰！

Q 什麼是雷？

A 雲層中的冰晶互相碰撞、摩擦後產生**靜電**所造成的天氣現象。

靜電放電

當累積的靜電找到轉移電荷的通道時，就會產生**放電現象**。

例如：冬天碰到門把的瞬間

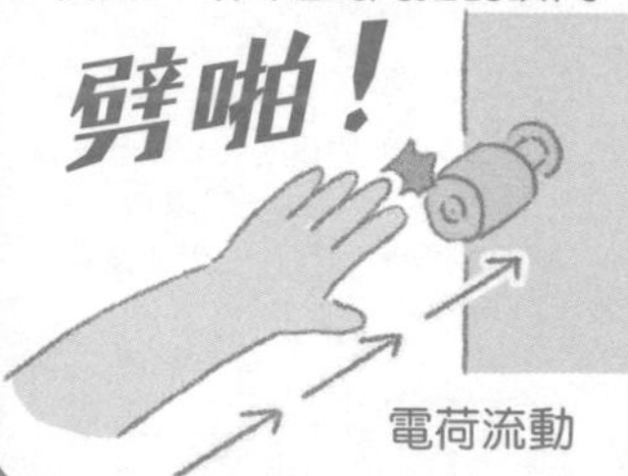

當累積在雲層裡面的靜電，瞬間對地面放電形成電流，就是我們常說的閃電與打雷。

靜電是什麼？

靜電是停留在同一個地方、不流動的電荷。兩種不同物體相互摩擦時就會產生靜電。此時，一種物體帶正電荷，另一種物體則帶負電荷。

流動的電荷則稱為電流。

例如：用墊板摩擦頭髮。

雷擊的瞬間，空氣會達到 3 萬℃左右的高溫，導致空氣急速膨脹並爆炸，產生衝擊波。此時發出的巨響即為雷聲。

打雷是如何發生的？

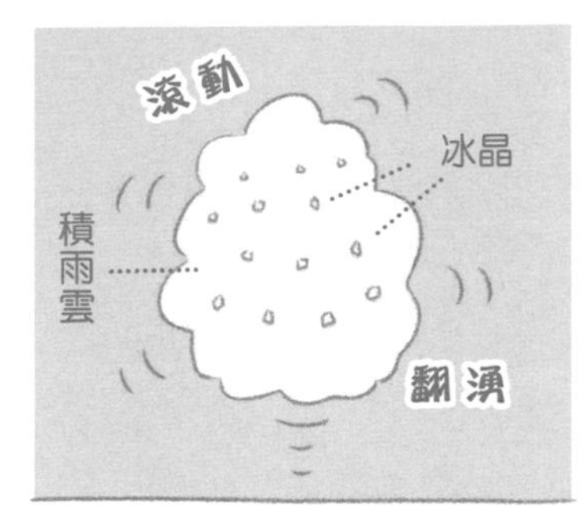

①隨著**積雨雲**越積越高，雲層中的水氣開始凍結成冰晶。

②雲層內的**上升氣流**帶動冰晶相互碰撞。

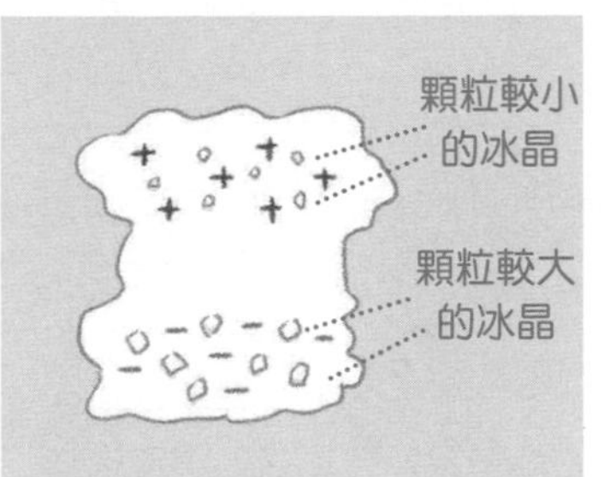

③碰撞造成雲層頂部顆粒較小的冰晶帶正電荷，底部顆粒較大的冰晶則帶有負電荷，雲層內部持續累積**靜電**。

④雲層底部的負電荷會吸引地面上的正電荷。此時，累積的靜電瞬間放電，放電形成的電流加熱了周圍的空氣，產生強光和巨響。

不同季節的雷擊威力

冬天打雷的頻率比起夏天較低，但每次雷擊釋放的能量更大，造成的損害也更大。

不過冬雷不是什麼怪異現象，不用太害怕唷。

為什麼打雷時會發出巨響？

原來是靜電的關係啊！
雖然目前科學還不能完全解釋雷的形成原因……
——但是，有一點很確定！
咳咳！
打雷閃電時，瞬間釋放的能量非常強大，超級危險！
嚇！
所以一聽到雷聲就要趕快避難喔！

……嚇我一跳。
避難的話，是要躲在大樹下嗎？

呃，打雷時，高聳的大樹反而很危險呢。
啪啦
滋滋滋
哇啊！
大樹容易遭到雷擊，躲在樹下可能會被雷擊中。

總之，高聳突出的目標物易遭雷擊。躲到建築物或汽車內，相對來說更安全唷。
我明白了！

那再見囉！
按下

啪！

劈哩啪啦
轟隆轟隆
嗚哇！

轟隆隆
轟隆
轟隆
我想起來了，進入空間之前好像有閃電……

第14話 完

第 15 話　X 光

8月
19日
波可太，
你還沒吃完啊？
我打工時間快到了，
差不多得出門囉。
好啦……

吃完自己
把碗
洗一洗喔～
嗯～
不知道卷軸的力量
會在幾點消失？

會分秒不差的
在發現卷軸的
那一刻消失？
還是說……
嚼
嚼

刺痛！
嗚！

冒出
怎麼了嗎？
……
好像蛀牙了。

那趕快去看牙醫！
知道了嗎？
……好。

診療室
來，把嘴巴張開。
喀鏘
喀鏘

喀鏘
喀鏘
哎呀呀，這個應該是蛀牙沒錯。
保險起見，我們還是照個X光吧。

使用中
X光室
麻煩請先穿上這件鉛衣背心。

X光片會放在這個位置。可以幫我按住它不要動嗎？
額以～
然後，這個機器會對準臉頰這邊……
好，就這樣不要動喔。
嗶——

幾分鐘後——
這張就是剛才照的X光片。

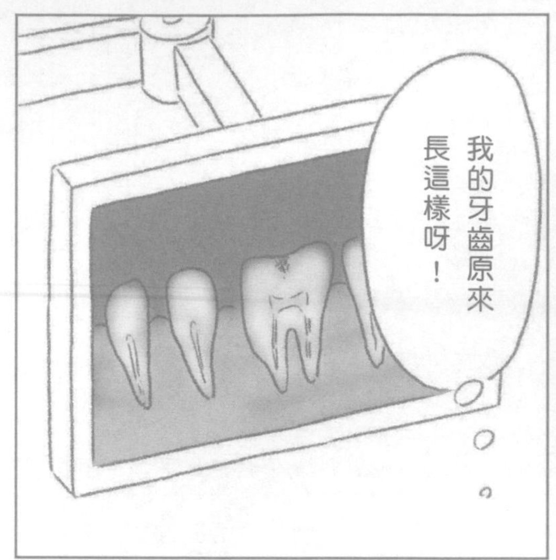
我的牙齒原來長這樣呀！

是說……
連牙齒內部都拍得一清二楚，太厲害了！
刺痛刺痛
照片中這個變黑的地方，代表牙齒……

這就是——
科學！
啊，力量還沒有消失啊。

啪！
嗚哇哇
重心不穩

咦，奇怪？牙齒不痛了。
那是因為在這裡時間是停止的，就跟你說過了！

波可太！
給我好好照顧牙齒啊！

失去的牙齒可是長不回來的！
嗯，我知道了。
而且我也討厭牙痛。

啊，對了，距離發現卷軸已經過了30天了說，
葉子的力量會在幾點消失呢？
今天一整天都還能使用，力量會在0點0分的瞬間消失。

這樣啊……那這大概是最後一次使用力量了吧。

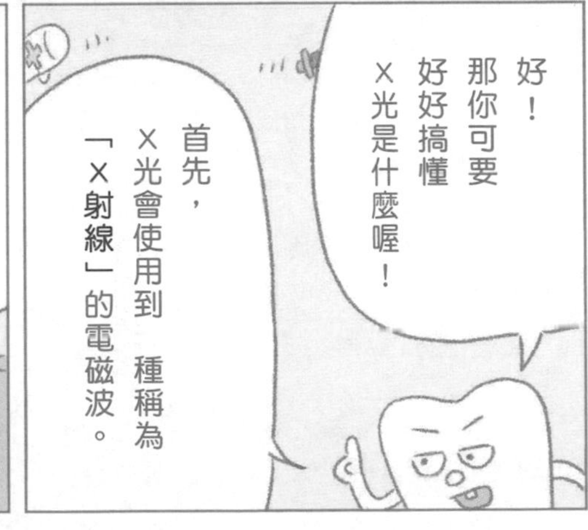
好！那你可要好好搞懂X光是什麼喔！
首先，X光會使用到一種稱為「X射線」的電磁波。

X射線？
沒錯，整個來龍去脈請看這個看板！
嗶嗶嗶嗶
砰！

Q 為什麼X光攝影檢查能看到身體內部的構造？

A 因為X光攝影使用的**X射線**具有能穿透人體的特性。

X射線具有能穿透物質的特性，但無法穿透「鉛」之類的高密度物質或厚重的物體。

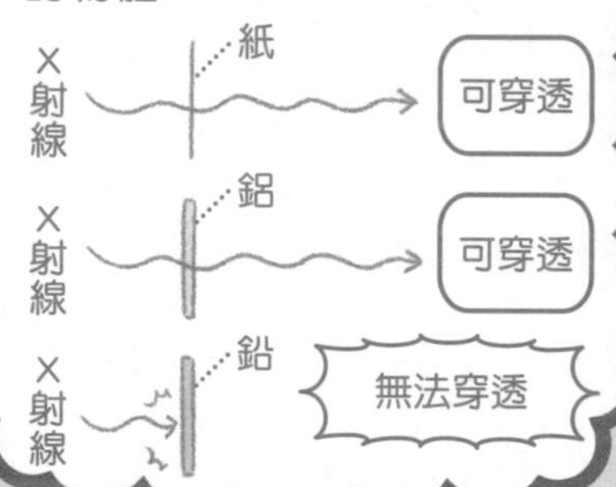

什麼是X射線？

X射線是一種游離輻射*，這種輻射肉眼看不見，並具有高能量。

人體組織中，骨骼是X射線最難穿透的部位。

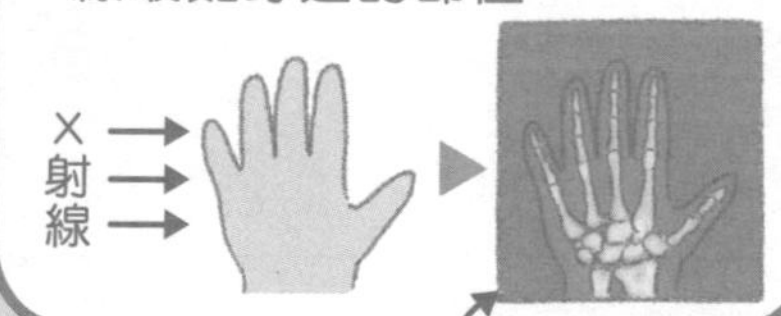

X射線容易穿透的部位會呈現黑色。

牙齒和骨骼一樣，都是X射線難以穿透的部位，但蛀牙後就變得容易穿透。

X射線的發現者

X射線是由德國物理學家威廉·倫琴於1895年所發現。因為這項重大貢獻，他在1901年獲得第一屆諾貝爾物理學獎。

威廉·倫琴
Wilhelm Conrad Röntgen
（西元1845～1923年）

*游離輻射也常稱作放射線，除了X射線之外，還有許多其他種類。若人體暴露在過量游離輻射下會損害細胞。

這種檢查方式稱為牙科根尖X光攝影唷！

X光攝影檢查的流程

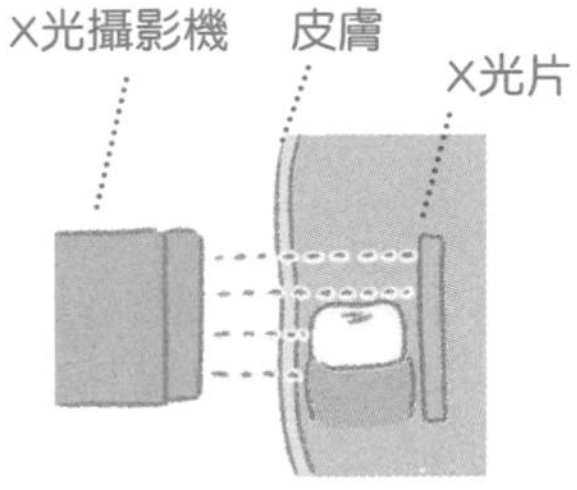

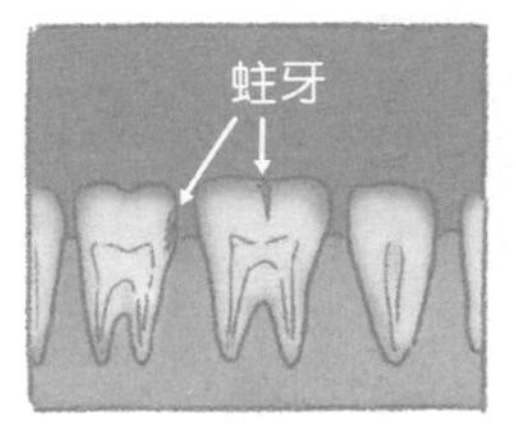

① 將X光片（又稱根尖片）放入口腔中，並將攝影機從外側對準拍攝部位。

② 從外側照射X光（也就是X射線）。

③ 若X光片顯示牙齒內部有陰影，代表該部位蛀牙的可能性很高。

聽說X射線會對人體造成傷害，那我們該不該接受X光檢查？

1次X光檢查的輻射劑量很低，對人體的影響微乎其微。

牙科X光檢查有2種

牙科X光檢查除了上述方式之外，還有一種能照到整個口腔的環口全景X光攝影。

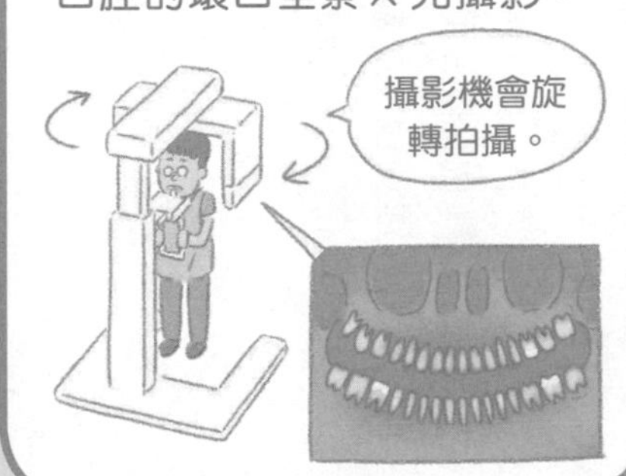

日常環境中存在各種天然輻射，因此人類在生活中原本就會接受到一定劑量的輻射。和每年的天然背景輻射相比，一次X光檢查的輻射劑量非常低。

每人每年接受的天然背景輻射劑量 2～3mSv（毫西弗）

牙科X光攝影 0.01mSv

胸部X光攝影 0.02～0.1mSv

原來如此，X射線可以穿透人體呀～
沒錯。這樣你就懂了吧？

嗯，懂是懂了啦。
可是一想到回去就得面對牙醫，就不想那麼快回到原來的世界。

這樣啊，那再多介紹一點X射線的事好了？
嗯嗯！

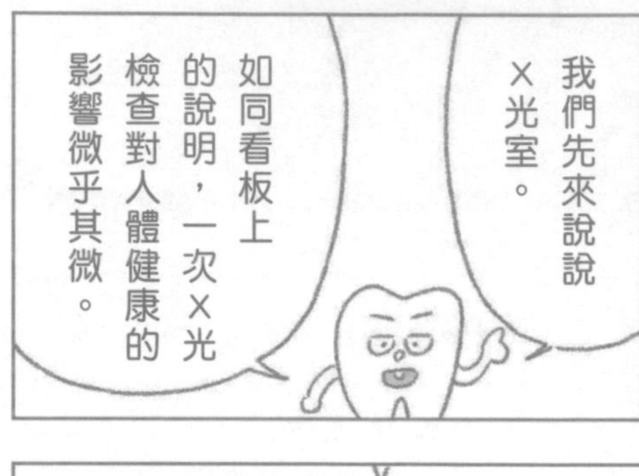
我們先來說說X光室。
如同看板上的說明，一次X光檢查對人體健康的影響微乎其微。

但如果X射線不慎從X光室外泄出來的話，
醫療從業人員長期暴露在X射線之下，極有可能造成健康上的危害。

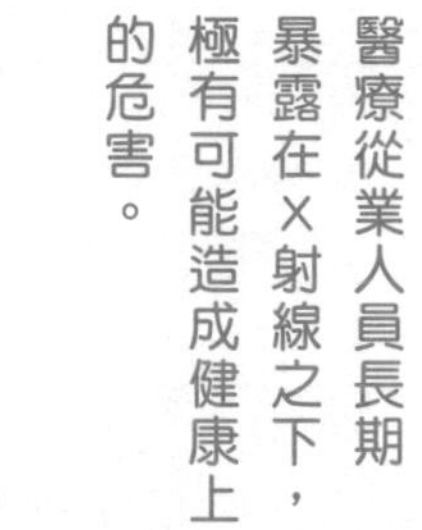

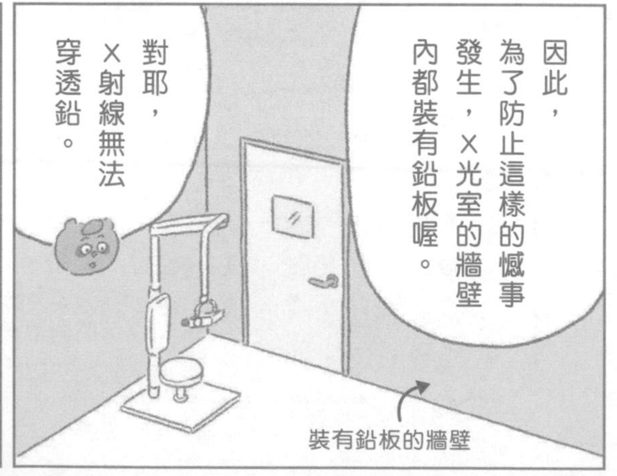
因此，為了防止這樣的憾事發生，X光室的牆壁內都裝有鉛板喔。
對耶，X射線無法穿透鉛。
裝有鉛板的牆壁

順帶一提，X光室的窗戶玻璃都摻有鉛元素，稱為「鉛玻璃」。
原來是這樣。

接下來，我就來介紹一下X射線在醫療領域之外的應用範例吧。
嗯嗯！

嗶嗶嗶嗶
砰！
請看這個看板。

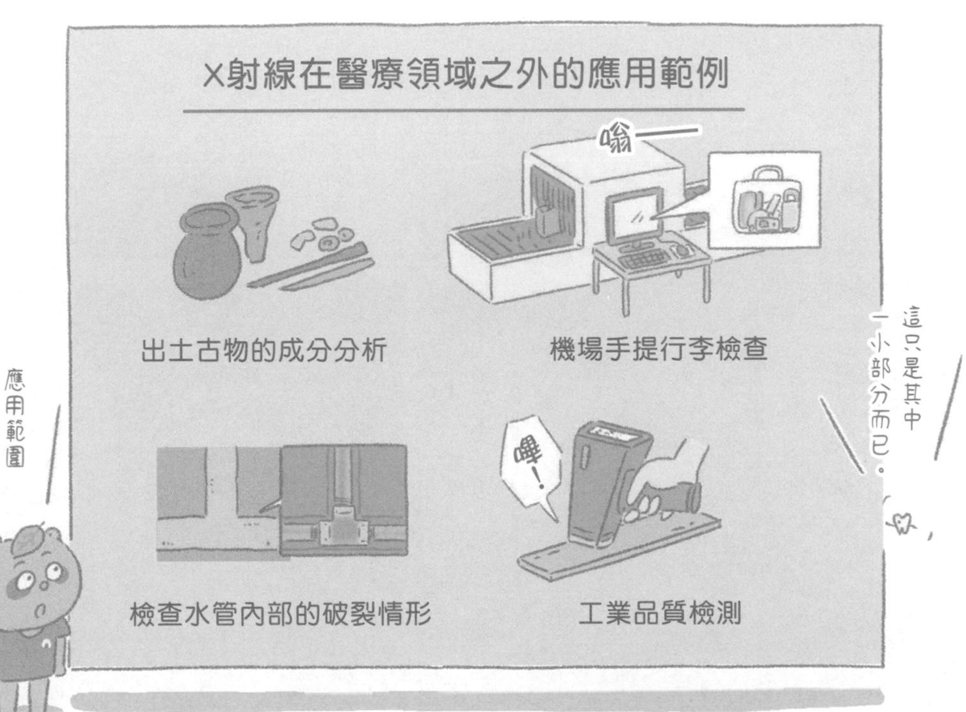
X射線在醫療領域之外的應用範例
嗡—
出土古物的成分分析
機場手提行李檢查
嗶！
檢查水管內部的破裂情形
工業品質檢測
這只是其中一小部分而已。
應用範圍還真廣耶！

託你的福，我學到好多X射線的相關知識，謝謝你唷！
X射線在我們看不到的地方默默貢獻呢。

好，那你好好治療牙齒囉，加油啦！
按下
哇，等等，我還沒做好心理準備！

啪！

刺痛！
痛痛痛

啊，很痛吧？那我們就說明到這裡，現在開始治療吧！
呃，不是，那個……好。

——那我們開始囉。
嘰咿咿咿咿
嗚哇啊啊啊啊啊啊！
（內心的聲音）
喀嗡嗡嗡嗡
喀喀喀

當天晚上……
好，我絕對不要再蛀牙了。

今天開始一定要好好刷牙！不過好險療程一次就完成了。
唰唰
唰
唰唰
唰

喀啦

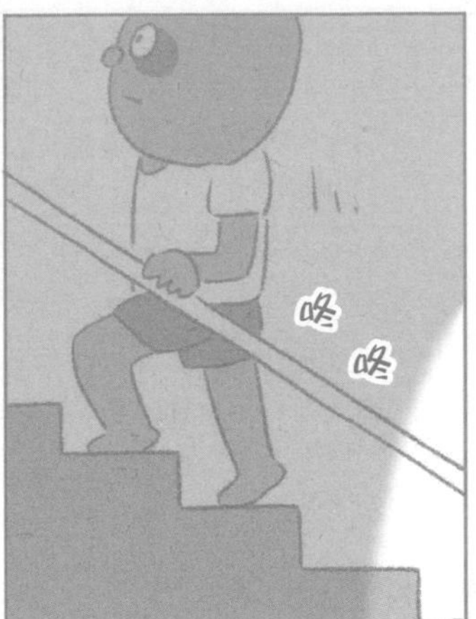
咚
咚

咕嚕
咕嚕
咕嚕
咕嚕
呸!

……還有將近一小時呀。

在力量消失之前，真想再用一次啊，還有什麼問題可以問嗎……
一想到力量就要消失，就想物盡其用呢。
砰咚

嗯……

……

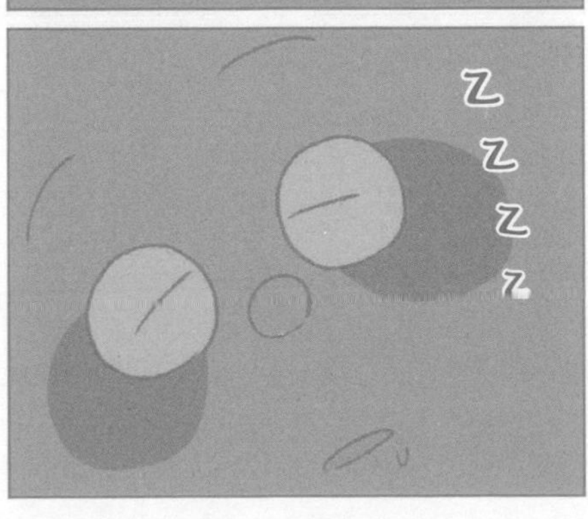
Z
Z
Z
Z

戴安LIVE演出
國語
00:00

23:59

00:00

咻咻咻咻咻咻～～

嘶

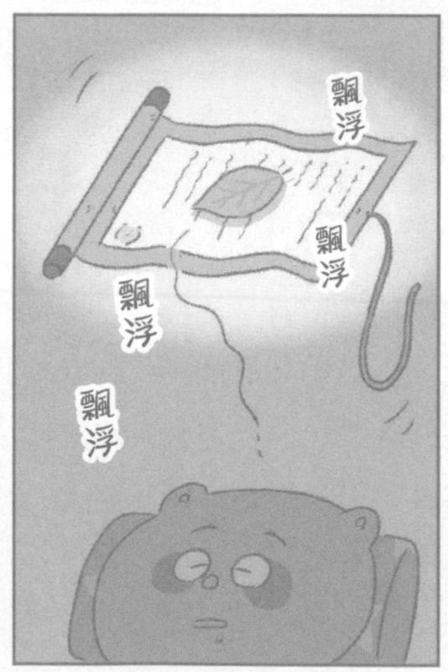
飄浮
飄浮
飄浮
飄浮

啪！
浮現

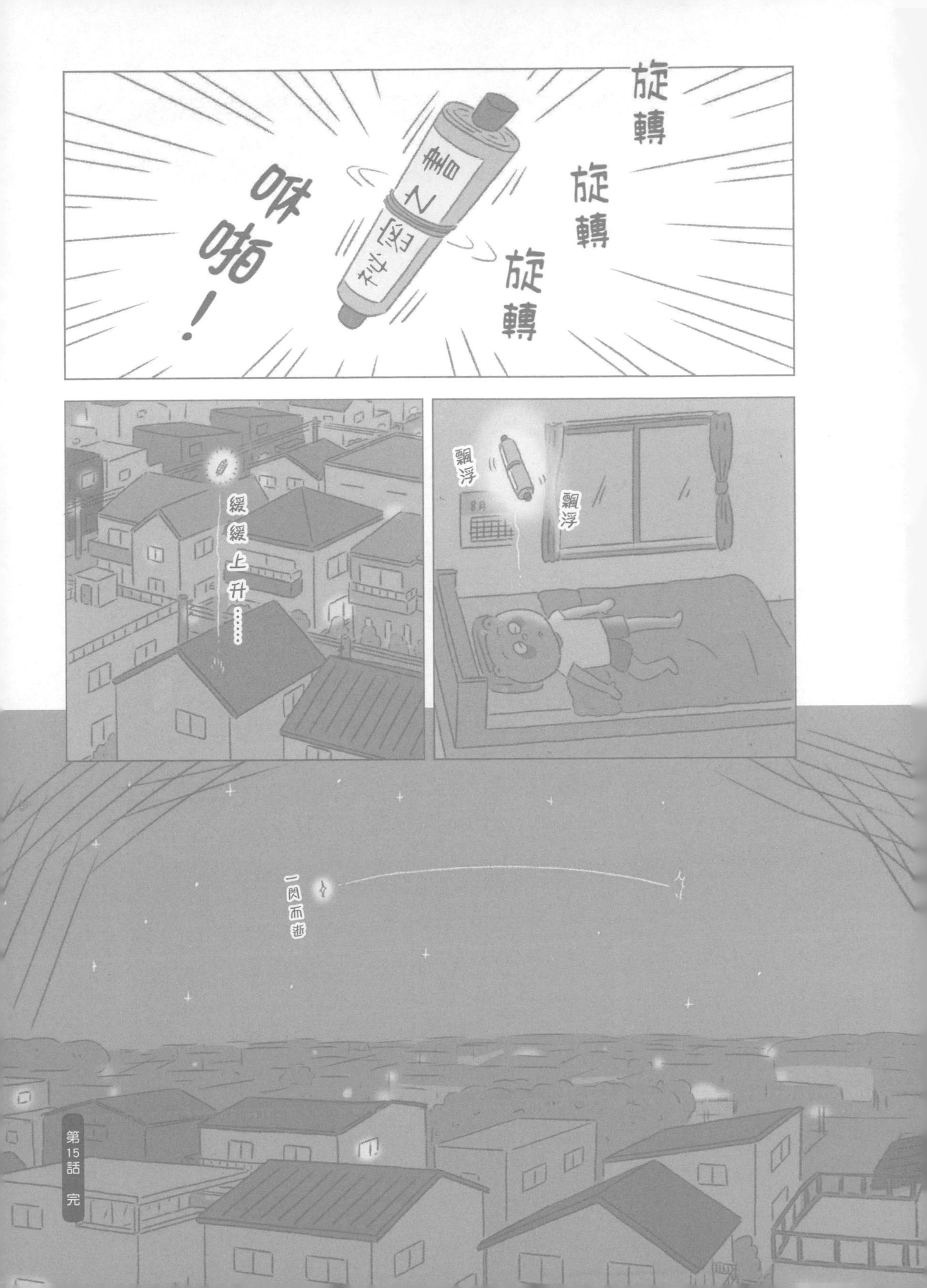
旋轉
旋轉
旋轉
咻啪！
飄浮
飄浮
緩緩上升……
一閃而逝
第15話 完

第13～15話登場的解說角色們

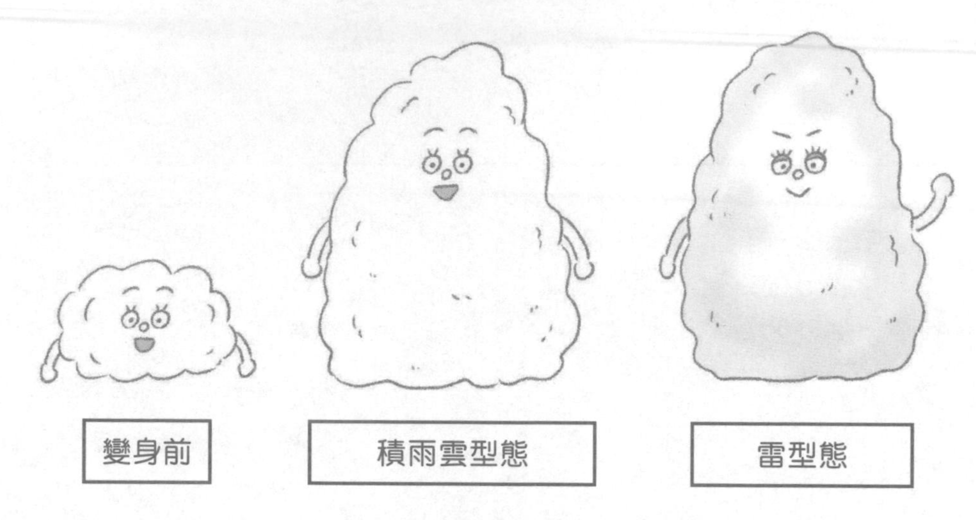

雲朵姊姊

外型千變萬化，能夠變身成各種形態。
平時優雅文靜，一旦變成雷型態，說話語氣也會跟著改變。
第13話・地科時光屋、第14話・物理時光屋登場。

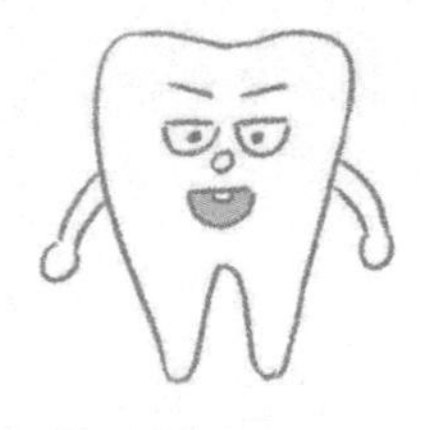

牙齒君

雖然性格強勢，說話口氣不太好，
但他其實有顆善良的心，
總是很有耐心的回答別人的問題。
第15話・物理時光屋登場。

波可太的暑假結束了

卷軸消失後

卷軸消失後

8月
20日
啊……
不小心睡著了。

早上起床後，放在桌上的卷軸已經消失……
呃，啊！土星外面的環是什麼？……回答我呀。
安—靜—
葉子的神奇力量也不見了。

不過啊……
摸

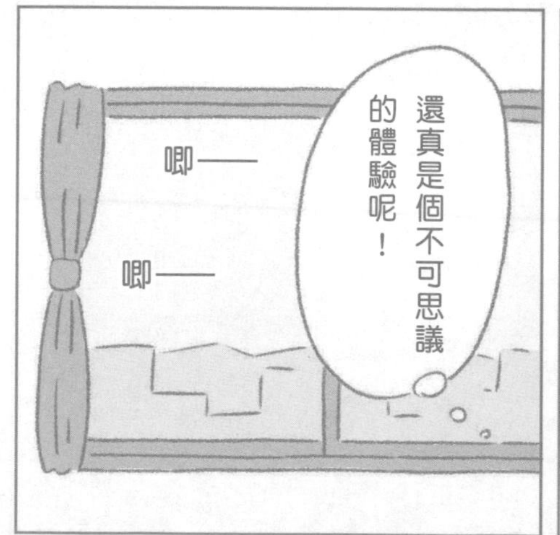

還真是個不可思議的體驗呢！
唧——
唧——

接著，
暑假到了尾聲，
我卻只能一頭栽進暑假作業裡。
嗚喔喔喔喔喔喔喔
到了這個地步，
也只能跟它拚了！

——就這樣，
暑假結束了。
9月
1日
叮咚
噹咚——
噹咚——
叮咚
鬧哄哄
鬧哄哄

好久沒來學校，
感覺好怪。
走動
走動
走動
走動

絹田同學，
早啊！
啊！
撲通！

我們在祭典上遇到過對吧，你是跟誰一起去的呀？
啊，我跟阿正和小健去的。
這樣呀。

早安～
啊，好久不見～
小鹿亂撞

波可太——
嚇到！

嘿喲！
早啊～
早安啊。

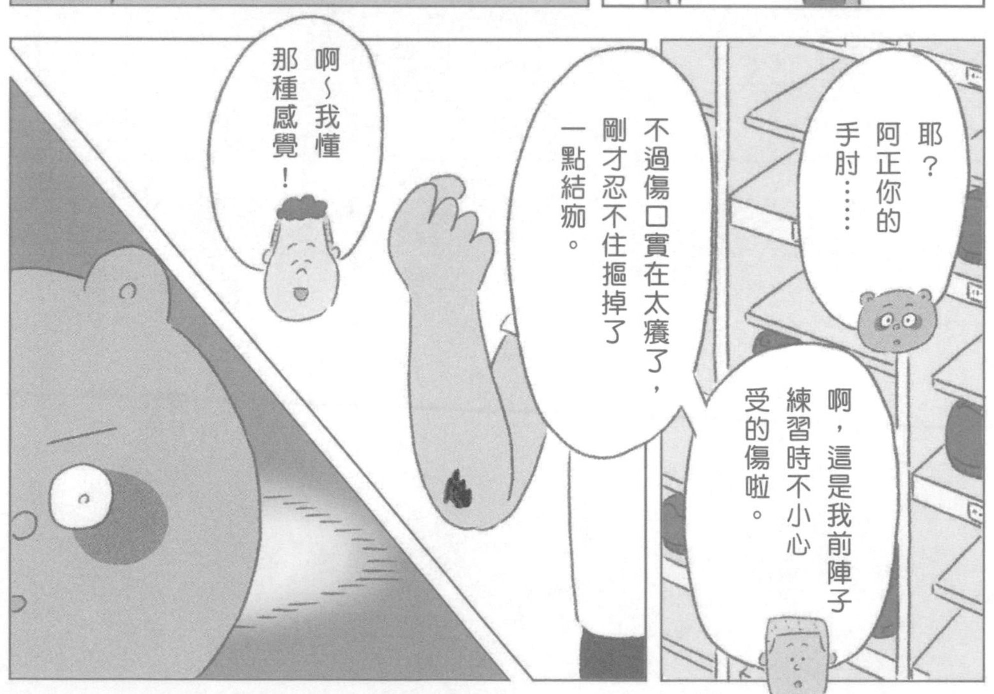
耶？阿正你的手肘……
啊，這是我前陣子練習時不小心受的傷啦。
不過傷口實在太癢了，剛才忍不住摳掉了一點結痂。
啊～我懂那種感覺！

結痂的地方會癢，是因為底下的傷口正在長出新皮膚。
滔滔不絕
要是摳掉結痂，會讓傷口變得很難好，最好不要去摳它喔。
滔滔不絕

咦？
波可太……

你懂的還真多耶！
好厲害啊～
啊！
我幹嘛一副很懂的樣子，說著血液二人組說過的話！
沒有啦，我暑假時也不小心受傷，被我媽唸過一樣的話。
對了，波可太，你剛才是不是在跟山本同學說話？
你和她很熟？
沒、沒有啦！
別說那個了，昨天電視上啊……
波可太的新學期開始囉！
END
波可太兄有好好記住我們說的話呢！
讚啦！

索引

圖・文 ● 上谷夫婦

奈良縣出生，現居神奈川縣。先生原為任職於知名化妝品公司資生堂的前研究員，目前與非理科出身的太太搭檔進行創作。從創作和販售原創角色「燒杯君和他的夥伴」的周邊商品開始，同時積極活用理工科的知識，以理科圖文作家的身分展開活動。

主要著作有《最有梗的理科教室：燒杯君與他的理科小夥伴》、《最有梗的單位教室：公尺君與他的單位小夥伴》、《最有梗的元素教室：週期表君與他的元素小夥伴》、《最有梗的人體教室：針筒兄弟與他們的器官小夥伴》、《燒杯君與放學後的實驗教室》、《肥皂超人出擊！》等。

最新資訊請見 twitter @uetanihuhu

監修 ● 伽利略工房：RUMI

日本的科學實驗創作團隊，以科學普及為宗旨，致力於「將科學的樂趣帶給所有人」。

團隊成員包括教師、記者、研究人員等各界專家，主要從事科學實驗之研究及開發。除此之外，也參與書籍、雜誌、報紙、電視節目的監修工作，並在日本各地舉辦實驗教室、科學實驗秀等活動，服務廣泛且多元，備受各界好評。主要著作、監修書籍包括《小學館的圖鑑 NEO〔新版〕科學實驗（暫譯）》、《小孩的科學 STEM 體驗系列套書（暫譯）》、《大科學實驗筆記（暫譯）》等。

譯 ● 李沛栩

前日商公司專職翻譯，現為自由譯者。最近一頭栽入西餐的世界，時常與奶油和麵團打交道。

審定 ● 鄭志鵬（小 P 老師）

國中科學老師。曾任十二年國教自然領綱委員、教育部分科教材教法專書編輯委員，以及教育部活化教學列車教師。榮獲中華民國科學教育學會中小學教師教學卓越獎、全國優良特殊教師、臺北市優良教師等獎項肯定。

更多資訊請見：小 p 老師的理化遊戲房 jjpong.blogspot.com

參考文獻

《自然百科圖鑑（暫譯）》豬鄉久義等監修（PHP研究所）2011年

《小學館的圖鑑NEO〔新版〕科學實驗（暫譯）》伽利略工房監修（小學館）2020年

《理科年表平成29年第90冊（暫譯）》國立天文臺編（丸善出版）2016年

《光合作用是什麼（暫譯）》園池公毅（講談社Bluebacks）2008年

《圖解口袋書：完全搞懂「鐵」的科學（暫譯）》高遠龍也（秀和システム）2009年

《圖解氣象學入門（暫譯）》古川武彥、大木勇人（講談社Bluebacks）2011年

《改訂版PHOTO SCIENCE化學圖錄（暫譯）》（數研出版）2013年

《改訂版PHOTO SCIENCE物理圖錄（暫譯）》（數研出版）2017年

《Newton別冊 光是什麼？（暫譯）》（日本Newton Press）2007年

《Newton別冊 波的科學大解密（暫譯）》（日本Newton Press）2009年

少年知識家

最有梗的自然教室
狸貓君與他的自然小夥伴

圖・文｜上谷夫婦（うえたに夫婦）
監修｜伽利略工房
譯｜李沛栩
審定｜鄭志鵬

責任編輯｜詹嬿馨
特約編輯｜戴淳雅
美術設計｜丘山
行銷企劃｜溫詩潔

天下雜誌群創辦人｜殷允芃
董事長兼執行長｜何琦瑜
媒體暨產品事業群
總經理｜游玉雪
副總經理｜林彥傑
總編輯｜林欣靜
行銷總監｜林育菁
主編｜楊琇珊
版權主任｜何晨瑋、黃微真

出版者｜親子天下股份有限公司
地址｜台北市 104 建國北路一段 96 號 4 樓
電話｜（02）2509-2800　傳真｜（02）2509-2462
網址｜www.parenting.com.tw
讀者服務專線｜（02）2662-0332　週一～週五：09:00~17:30
傳真｜（02）2662-6048　客服信箱｜parenting@cw.com.tw
法律顧問｜台英國際商務法律事務所・羅明通律師
製版印刷｜中原造像股份有限公司
總經銷｜大和圖書有限公司　電話：（02）8990-2588

出版日期｜2022 年 7 月第一版第一次印行
　　　　　2024 年 9 月第一版第四次印行

定價｜400 元
書號｜BKKKC204P
ISBN｜978-626-305-241-3（平裝）

國家圖書館出版品預行編目資料

最有梗的自然教室：狸貓君與他的自然小夥伴 /
上谷夫婦作；李沛栩譯. -- 第一版. -- 臺北市：
親子天下股份有限公司，2022.07
208 面； 17X23 公分
譯自：教科書の外で出会う、ぼくらの身のまわりの理科
ISBN 978-626-305-241-3(平裝)

1.CST: 科學 2.CST: 漫畫

300　　111007171